Das Zeitalter der Daten

Holger Aust

Das Zeitalter der Daten

Was Sie über Grundlagen, Algorithmen und Anwendungen wissen sollten

 Springer

Holger Aust
Data Scientist & Blogger
Bonn, Deutschland

ISBN 978-3-662-62335-0   ISBN 978-3-662-62336-7 (eBook)
https://doi.org/10.1007/978-3-662-62336-7

Die Deutsche Nationalbibliothek verzeichnet diese Publikation in der Deutschen Nationalbibliografie; detaillierte bibliografische Daten sind im Internet über http://dnb.d-nb.de abrufbar.

Springer

Einbandabbildung: © max_776/stock.adobe.com
Planung/Lektorat: Iris Ruhmann
Springer ist ein Imprint der eingetragenen Gesellschaft Springer-Verlag GmbH, DE und ist ein Teil von Springer Nature.
Die Anschrift der Gesellschaft ist: Heidelberger Platz 3, 14197 Berlin, Germany

Vorwort

Jedes Jahr produziert die Menschheit eine enorme Menge Daten. Schätzungen zufolge sind es 2020 rund 40 Zettabyte, also unvorstellbare 40 Billionen Gigabyte. Und der Datenberg wächst immer schneller an, 90 % dieser Daten stammen aus den letzten zwei Jahren.

Schon vor einigen Jahren haben große Management-Beratungen Daten als das „neue Öl" bezeichnet, also als den neuen Treibstoff der Welt. Das Magazin Harvard Business Review kürte 2012 den Beruf Data Scientist zum „sexiest Job des 21. Jahrhunderts". Das ist nun schon einige Jahre her, in der sich schnell verändernden Welt der Informatik sogar eine kleine Ewigkeit. Doch diese Aussagen sind weiterhin aktuell. Data Science, maschinelles Lernen und künstliche Intelligenz sind in aller Munde. Kaum ein Technologieartikel in einer Zeitschrift oder Zeitung kommt ohne die Erwähnung der Möglichkeiten und noch häufiger der Gefahren von künstlicher Intelligenz aus.

Aber wie hängt das alles zusammen? Warum sind diese Datenberge so wertvoll und was macht man eigentlich damit?

Daten sind der Schlüssel, um Maschinen etwas beizubringen. Je mehr man davon hat, desto besser funktionieren die Algorithmen des maschinellen Lernens. Denn neuronale Netze, welche aktuell die vielversprechendste Algorithmenklasse bilden, haben Millionen Parameter, deren optimale Werte durch Beispieldaten gefunden werden müssen. Statt Roboter direkt zu trainieren, wird eine möglichst realistische virtuelle Umgebung gebaut. Dort kann der virtuelle Roboter viel schneller Daten sammeln und somit trainieren. Anschließend wird dieses Wissen in den realen Roboter übertragen.

Aber nicht nur im maschinellen Lernen, sondern auch bei Analysen und Reportings sind Daten die entscheidende Zutat. Hier kommt es nicht so sehr auf die Menge, sondern auf ihre Qualität an. Untersucht man eine Patientengruppe mit der Fragestellung, welches Medikament besser wirkt, dann sollten möglichst keine Fehler wie Größenangabe in Metern statt Zentimetern passieren. Nun stelle man sich Stichproben vor, bei denen Werte nicht mehr per Hand überprüft werden können. Hier weiß die Statistik Abhilfe; Methoden zur Ausreißeridentifizierung helfen weiter. Solche Methoden werden zum Beispiel in der Betrugserkennung bei Kreditkartenabrechnungen eingesetzt.

Herzlich willkommen in der Data-Science-Welt! Ich möchte Sie mitnehmen auf eine Entdeckungsreise in die Datenwissenschaften. Diese Reise wird hoffentlich unterhaltsam und vor allem spannend, auch wenn wir uns mit vielen neuen Begriffen und der ein oder anderen mathematischen Formel befassen werden.

Inhalt

Zuerst einmal versuche ich, Licht in den Wirrwarr von Begriffen zu bringen, der in den Medien verwendet wird. Da werden munter Big Data, künstliche Intelligenz, Deep

Learning usw. in einen Topf geworfen. Ein bisschen Aufklärung tut Not.

Treten wir ein in die hochgejubelte Welt der künstlichen Intelligenz. Ist das die Technologie der (nahen) Zukunft, sind wir schon mittendrin oder ist es nur ein Buzzword, das bald wieder sterben wird? Und was ist Intelligenz überhaupt?

Maschinelles Lernen hingegen als nüchterne Beschreibung der Technologie hat seine Nützlichkeit schon unter Beweis gestellt. Aber wie funktioniert das genau, wie kann eine Maschine lernen? Beim überwachten Lernen gibt es einen Datensatz mit Beispielen, anhand derer der Algorithmus lernt. Beim unüberwachten Lernen geht es mehr darum, die den Daten innewohnenden Strukturen zu entdecken. Bestärkendes Lernen ist dem menschlichen Lernen am ähnlichsten: Das Lernen erfolgt durch Aktion und Feedback.

Mit jeder neuen Technologie sind natürlich auch Risiken verbunden. Dass die Schreckgespenster, die zum Teil mit künstlicher Intelligenz verbunden werden, überzeichnet sind, ist eigentlich klar. Dennoch kann man schon jetzt einige bedenkliche Entwicklungen beobachten. Hätten Sie gedacht, dass Algorithmen Vorurteile haben? Eigentlich klar, denn ein Algorithmus ist immer nur so gut, wie das Wissen, mit dem er gefüttert wird.

Wie sieht der Alltag eines Data Scientists aus? Nein, es ist kein autobiografischer Abschnitt, sondern ich bleibe dem Sachbuch treu und beschreibe, welche Aufgaben ein Data Scientist hat. Das beginnt mit dem Datenimport und geht mit dem überraschend wichtigen und zeitaufwendigen Säubern der Daten weiter bis zur Interpretation.

Anschließend entdecken Sie die Funktionsweise künstlicher neuronaler Netze. Diese Strukturen, die grob an unser Gehirn erinnern, sind zwar schon seit den 1950er-Jahren bekannt. Durch ihren Datenhunger und die benötigte Rechenpower erleben sie aber erst jetzt ihre Blütezeit, da heutzutage diese Bedürfnisse erfüllt werden können. Und so haben neuronale Netze massive Fortschritte gebracht in Bereichen wie dem Erkennen von Objekten in Bildern oder der Verarbeitung menschlicher Sprache. Dabei erreichen sie zum Teil übermenschliche Fähigkeiten, also eine bessere Genauigkeit, als wir Menschen sie leisten können.

Als krönender Abschluss beschäftigen wir uns mit konkreten Anwendungen von Data Science. Ein bunter Strauß von Aufgaben – von Suchmaschinen über Routenplanung und Betrugserkennung bis hin zum Börsenhandel – profitiert von Daten und maschinellem Lernen. Ich zeige Ihnen, wie das funktioniert.

Nun lichten wir den Anker und stechen in See, um die schöne neue Data-Science-Welt zu entdecken.

Bonn, Deutschland   Holger Aust

Inhaltsverzeichnis

1 Data Science: Die Kunst mit Daten umzugehen   1
1.1   Der Dreiklang aus Data Science, Machine Learning und KI   7
1.2   Big Data: Kommt es auf die Größe an?   9
1.3   Deep Learning: Aus der Tiefe kommt die Intelligenz   12
1.4   Cloud Computing: Alles wird virtuell   15
1.5   Das Internet der Dinge: Daten ohne Ende   18
Literatur   19

2 KI: Hype oder Technologie der Zukunft?   21
2.1   Kommt der KI-Winter?   23
2.2   Schwache KI liegt in Führung   26
Literatur   31

3 Wie lernt eine Maschine?   33
3.1   Fragen über Fragen: Lernen ist komplex   45
3.2   Überwachtes Lernen: Lernen unter Aufsicht   57

3.3   Unüberwachtes Lernen: Lernen ohne
      Vorbild   65
3.4   Bestärkendes Lernen: Die Erfahrung
      macht's   69
3.5   Transfer Learning: Übertragen von Wissen   73
Literatur   74

4   **Stolz und Vorurteile – Risiken von Data
    Science**   77
4.1   Pfusch am Bau – Handwerkliche Fehler   78
4.2   Meine Daten gehören mir, oder?   89
4.3   Schubladen im Computerdenken –
      Vorurteile   93
4.4   Ethische Probleme   96
Literatur   104

5   **Typische Aufgaben eines Data Scientists**   107
5.1   Data Import: Die Qual der Quellen   112
5.2   Data Cleaning: Nur saubere Daten sind
      gute Daten   126
5.3   Data Exploration: Erste Experimente   132
5.4   Data Modeling: Den Algorithmus
      anwenden   135
5.5   Data Interpreting: Die Insights zählen   148
5.6   Deployment: An die Öffentlichkeit damit   157
Literatur   158

6   **Das Gehirn kopieren? – Künstliche neuronale
    Netze**   161
6.1   Das KNN-Skelett: Knoten &
      Verbindungen   164
6.2   Und so spielen die Teile zusammen   175
6.3   Wie lernt ein neuronales Netz?   177

6.4   Rechenpower satt durch Grafikkarten   182
6.5   Der Neuronale-Netze-Zoo   185
Literatur   192

7   Data Science in der Praxis   **195**
7.1   Suchmaschinen: Im Alltag unverzichtbar   195
7.2   Churn-Rate: Bleib doch noch, lieber
       Kunde   199
7.3   Recommender Engine: Kunden kauften
       auch …   204
7.4   Face Recognition: Bist Du mein Freund?   212
7.5   Routenplanung: Von A nach B   214
7.6   Disposition: Wie viel soll ich bestellen?   217
7.7   Fraud Detection: Den Betrügern auf der
       Spur   221
7.8   Disaster Risk: Naturkatastrophen
       vorhersagen   227
7.9   Börsenhandel: Ein Milliardengeschäft   230
7.10   Chatbots: Fluch oder Segen für den
       Kunden   236
Literatur   238

8   Abschluss   **241**

Stichwortverzeichnis   **245**

1

Data Science: Die Kunst mit Daten umzugehen

So viel ist schon mal klar: Data Science, die Wissenschaft der Daten, hat mit Daten zu tun. Und Beispiele zu finden, ist auch leicht; sei es die statistische Auswertung einer medizinischen Studie oder Umfrage, die Simulation einer Pandemie oder die Prognose der Kursentwicklung an den Aktienmärkten. Aber auch die automatische Objekterkennung in Bildern, die Einordnung von Kundenbewertungen in positiv oder negativ oder die Routenoptimierung in der Logistik gehören dazu. Künstliche Intelligenz in Schach oder Go, welche die Großmeister besiegt, oder in autonomen Fahrzeugen wird anhand von Daten trainiert.

Eine präzise Definition zu geben, ist gar nicht so leicht. Es gibt einen tollen TEDx-Talk von Asitang Mishra, der als Data Scientist am Jet Propulsion Laboratory arbeitet [1]. Darin beschreibt er humorvoll den Versuch, seine Arbeit einem Uber-Fahrer zu erklären:

© Der/die Autor(en), exklusiv lizenziert durch Springer-Verlag GmbH, DE, ein Teil von Springer Nature 2021
H. Aust, *Das Zeitalter der Daten*,
https://doi.org/10.1007/978-3-662-62336-7_1

„A Data Scientist, not a rocket scientist or a geologist kind of scientist, more like a computer scientist, but not a software engineer, one who makes software with focus on data analysis, like a data analyst, but with a lot of data. but not always!"

„Ein Data Scientist, das ist nicht so ein Forscher wie ein Raketenwissenschaftler oder ein Geologe, mehr wie ein Computerwissenschaftler, aber kein Softwareentwickler, aber schon jemand, der Software mit Fokus auf Daten entwickelt, wie ein Datenanalyst, aber mit vielen Daten, aber nicht immer!"

Dieses Herumreden liegt daran, dass man als Data Scientist eine Vielzahl an Aufgaben unterschiedlicher Ausprägungen hat und dafür eine Mischung aus verschiedenen Fähigkeiten benötigt. Und diese Aufgaben variieren stark, je nach Unternehmen, Position und Teamgröße.

Die spezielle Mischung der Fähigkeiten drückt sich in der folgenden Definition von Roger Huang, CEO und Gründer von CyberSecure aus:

„A data scientist is a unicorn that bridges math, algorithms, experimental design, engineering chops, communication and management skills."

Josh Wills, ein Softwareentwickler bei Slack betont das Zusammenspiel von Statistik und Software-Entwicklung:

„A Data Scientist is a person who is better at statistics than any software engineer and better at software engineering than any statistician"

Monica Rogati, zu der Zeit Senior Data Scientist bei LinkedIn, drückte es 2011 in einem Interview von Forbes [3] folgendermaßen aus:

„By definition all scientists are data scientists. In my opinion, they are half hacker, half analyst, they use data to build products and find insights. It's Columbus meet Columbo – starry eyed explorers and skeptical detectives."

Die häufigste Beschreibung der benötigten Fähigkeiten ist der Dreiklang aus Statistik, Software-Entwicklung und Fachwissen. Wir wollen jetzt aber erst einmal wissen, was Data Science ist und nicht das Profil eines Datenwissenschaftlers beschreiben.

Asitang Mishra kommt in seinem TEDx-Talk zu einer sehr allgemeinen Definition, die ich gerade durch die Einfachheit bestechend finde:

> **Data Science** ist Problemlösen mit Computern.
> Es geht darum, menschliche Probleme zu verstehen, zu analysieren und dann in durch Computer lösbare Probleme zu übersetzen und diese zu lösen.

Hinter dieser Definition verstecken sich mehrere Aufgaben. Als Erstes muss das Problem, das jemand hat, verstanden werden. Der Leiter der Marketing-Abteilung kommt vielleicht auf das Data-Science-Team zu mit einer ganz allgemeinen Anforderung: „Wie können wir mehr Menschen dazu bewegen, Produkt xy zu kaufen?" Die einfache Antwort ist: „Investiere mehr in Werbung!" Das hilft nicht viel weiter, daher muss die Anforderung zuerst präzisiert werden. Eine konkretere Fragestellung wäre: „Um wie viel muss das Marketing-Budget erhöht werden, um ein Umsatzwachstum vom 10 % für Produkt xy zu erreichen?" Eine andere Möglichkeit (mehr Budget ist schließlich schwierig zu bekommen) wäre folgende Formulierung: „Können wir das Werbebudget anders auf die Kanäle verteilen, um höhere Absatzzahlen zu erreichen?" Diese Problemstellungen sind jetzt präzise genug formuliert, sodass man mit der Übersetzung in Mathematik beginnen kann. Auch wenn dem Computer Anweisungen in einer Programmiersprache gegeben werden – Mathematik ist die Grundlage der Algorithmen.

Schauen wir uns die erste Frage mit der mathematischen Brille an: „Um wie viel muss das Marketing-Budget erhöht werden, um ein Umsatzwachstum vom 10 % für Produkt xy zu erreichen?" Idealerweise benötigen wir eine Funktion, in die wir die Werbekosten einspeisen und als Ergebnis den Umsatz geliefert bekommen. Die Funktion kann ganz unterschiedliche Formen annehmen. Wir beschränken uns auf eine gewisse Klasse von Funktionen, zum Beispiel ganz gewöhnliche Geraden, also lineare Funktionen. In dieser Fragestellung sind Geraden natürlich zu einfach, vielleicht wären S-Kurven, welche Sigmoiden genannt werden, besser geeignet. Die Klasse der linearen Funktionen hat zwei Parameter: die Steigung und den Schnittpunkt mit der y-Achse. Nun müssen diese Parameter so gewählt werden, dass die Funktion ungefähr der Realität entspricht. Um das zu tun, trägt man die Werbekosten und den Umsatz der letzten Monate als Punkte ein und wählt die Parameter so, dass der Abstand der Kurve zu den Punkten so klein wie möglich ist (Abb. 1.1). Voraussetzung ist natürlich, dass die Werbekosten zwischen den Monaten variieren. In Kap. 3 gehen wir genauer auf dieses Verfahren, die lineare Regression, ein.

Die zweite Frage lautet: „Können wir das Werbebudget anders auf die Kanäle verteilen, um höhere Absatzzahlen zu erreichen?" Um das zu beantworten, benötigen wir wiederum eine Funktion. Dieses Mal sollte die prozentuale Verteilung der einzelnen Kanäle als Input dienen und die Absatzzahlen sind der Output. Wenn man diese Funktion aufgestellt hat, dann muss man nur noch das Maximum finden, also diejenigen Inputs, für die der Output am größten wird. Dafür gibt es mathematische Verfahren. Je mehr

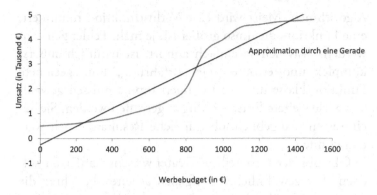

Abb. 1.1 Umsatzwachstum

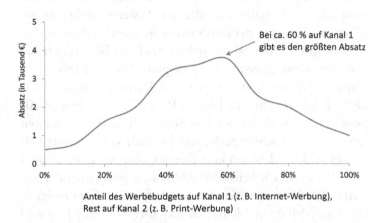

Abb. 1.2 Zusammenhang von Absatzzahlen und Budgetverteilung

Parameter eine Funktion hat (neuronale Netze haben Zehntausende), desto rechnerisch aufwendiger wird die Bestimmung des Maximums oder Minimums. Dabei besteht immer die Gefahr, in einem lokalen Maximum hängen zu bleiben (Abb. 1.2).

Tatsächlich ist ein solches Vorgehen, also zuerst eine Funktion aufzustellen und dann das Maximum oder Minimum zu finden, Grundlage für die meisten Data-Science-

Algorithmen. Meist wird eine Verlustfunktion minimiert, eine Funktion, die umso größer ist, je mehr Fehler gemacht werden. Was sich so einfach anhört, ist natürlich äußerst komplex und erfordert viel Erfahrung. Eine geeignete Funktionsklasse und die richtigen Inputs müssen gewählt und viele weitere Entscheidungen getroffen werden. Sie beeinflussen maßgeblich, ob nützliche Resultate erzielt werden können.

Obwohl der Großteil der Datenwissenschaftler an solchen eher gewöhnlichen Aufgaben arbeitet, berichten die Medien lieber über bahnbrechende neue Errungenschaften in künstlicher Intelligenz (KI). Tatsächlich ist es faszinierend, welche Aufgaben, für die eine gewisse Intelligenz benötigt wird, Computer mittlerweile geknackt haben. In den 1950er- bis 1990er-Jahren galt es noch als Beweis von KI, den Schachweltmeister zu besiegen. Dieser Meilenstein wurde 1996 im Match von Garri Kasparov gegen IBMs Deep Blue erreicht. Im Jahr 2015 schaffte es Googles AlphaGo, den Südkoreaner Lee Sedol, einen der weltbesten Go-Spieler, zu schlagen. KI macht auch vor E-Sports keinen Halt. Dota2 ist ein komplexes Computerspiel, in dem zwei Teams von jeweils fünf Menschen gegeneinander antreten. Die jährliche Weltmeisterschaft ist ein Großereignis, bei dem Millionen Menschen aus aller Welt zusehen und Preisgelder von über 30 Millionen US-Dollar ausgegeben werden. 2018 konnte das Computerprogramm OpenAI Five das Weltmeisterteam in einem Spiel besiegen.

Abgesehen von solchen spielerischen Erfolgen haben sich intelligente Fähigkeiten von Computern in unseren Alltag integriert, zum Beispiel in Form der Erkennung von Personen oder Objekten auf Bildern. So legt unsere Fotoverwaltung auf dem Handy automatisch Alben an, auf denen wir selbst, unser Hund oder Landschaftsaufnahmen zu sehen sind. Wir können den digitalen Assistenten (leichte) Fragen stellen, zum Beispiel: „Alexa, wie wird das Wetter morgen?"

Das selbstfahrende Auto soll in ein paar Jahren serienreif sein.

Möglich gemacht werden diese Technologien durch die eingangs erwähnten Datenberge. Denn eigentlich alle Algorithmen, die hinter den genannten Fortschritten stecken, basieren darauf, anhand von unzähligen Beispielen zu lernen.

> Das Grundprinzip der meisten Machine-Learning-Algorithmen ist ganz einfach:
> **Bewerte das Ergebnis und minimiere dann den Fehler.**

1.1 Der Dreiklang aus Data Science, Machine Learning und KI

Die drei Begriffe *Data Science*, *Machine Learning* und *Künstliche Intelligenz* (Abk. KI, engl. artificial intelligence = AI) fallen häufig in den Medien und auf Konferenzen, werden dabei aber meist austauschbar verwendet. Das Buzzword dieser Trilogie ist sicherlich „Künstliche Intelligenz"; damit wollen sich fast alle Unternehmen schmücken. In der Realität werden dann aber häufig nur statische Verfahren wie lineare Regression verwendet, welche über 100 Jahre alt ist. Auf der anderen Seite ist der Begriff „Künstliche Intelligenz" an sich schon schwammig, denn KI ist meist das, was ein Computer bis vor Kurzem noch nicht lösen konnte. In Kap. 2 gehen wir näher darauf ein.

Versuchen wir dennoch jetzt schon einmal, ein bisschen Ordnung hineinzubringen und die Begriffe zu trennen.

Data Science
Über Data Science habe ich in den vorherigen Kapiteln schon einiges geschrieben. Allgemein gesagt beschreibt Data Science das Lösen von Problemen mittels Computer.

Machine Learning

Hierunter versteht man eine Klasse von Algorithmen, welche anhand von Beispieldaten lernt. Dabei geht es darum, dass die Maschine nicht einfach die Daten auswendig lernt – das wäre für einen Computer mit genügend Speicherplatz eine ganz leichte Aufgabe –, sondern allgemeine Gesetzmäßigkeiten findet. Nach der Lernphase kann der Algorithmus dann mit unbekannten Daten gefüttert werden. Die Hoffnung ist, dass er wirklich allgemeine Muster entdeckt hat und nicht zu stark auf die Beispieldaten hin optimiert ist. Das Faszinierende am Machine Learning ist, dass diese allgemeinen Regeln nicht explizit programmiert werden, sondern durch die Anpassung allgemeiner Algorithmen an bestimmte Problemstellungen anhand von Beispieldaten gelernt werden.

Künstliche Intelligenz

Unter KI versteht man Maschinen, welche kognitiven Fähigkeiten aufweisen, die typischerweise dem Menschen zugeschrieben werden. Mit dieser Definition katapultiert sich die KI aber leider ins Unerreichbare. Wurde eine vermeintlich dem Menschen vorbehaltene Fähigkeit, zum Beispiel das Erkennen von Gesichtern, von Computern gelernt, dann wird diese Fähigkeit nach einiger Zeit nicht mehr typischerweise dem Menschen zugeschrieben. Damit gilt sie auch nicht mehr als KI. Das konnte man gut beim Schachspiel, früher das Paradebeispiel für KI, beobachten. Nachdem IBMs Deep Blue den Weltmeister Garri Kasparow besiegt hatte, wurde darüber diskutiert, ob die Rechenpower, die es ermöglicht, mehr Züge zu analysieren, wirklich intelligent ist. Ähnliche Diskussionen entstehen, wenn Algorithmen schlechte Ergebnisse liefern, es also offensichtlich wird, dass ein wirkliches Verständnis der Aufgabe nicht vorhanden ist.

1.2 Big Data: Kommt es auf die Größe an?

Big Data als Buzzword gibt es nun schon ein paar Jahre. Und tatsächlich wird es nach dem ersten Hype wieder etwas ruhiger um den Begriff. Das heißt aber nicht, dass er weniger wichtig geworden ist. Mittlerweile ist man vielleicht auch zu der Erkenntnis gekommen, dass man die Trennung in Small Data und Big Data nicht mehr benötigt bzw. dass die Begriffe nicht so trennscharf sind. Zudem bleibt immer noch der Analyseteil, also Data Science, denn das reine Erfassen von Daten bringt noch keinen Mehrwert.

Aber schauen wir uns zuerst die Definitionen an. Grundsätzlich geht es bei Big Data um Datenmengen, welche mit herkömmlichen Datenverarbeitungsmethoden nicht mehr vernünftig verarbeitet werden können. Das muss nicht unbedingt an der Menge, sondern kann auch an der Schnelllebigkeit der Daten liegen.

> Man charakterisiert daher Big Data anhand der „drei Vs":
> - **Volume**: Die Menge der Daten
> - **Velocity**: Die Geschwindigkeit, mit der die Daten erzeugt werden
> - **Variety**: Die Vielfalt der Daten (von strukturierten Tabellen über Bilder und Videos bis hin zu Texten)

Die Menge der Daten, aber auch die Geschwindigkeit, mit der sie erzeugt werden, ist gewaltig. Wie kommt es, dass so viele Daten in so kurzer Zeit produziert werden? Nun, zum einen durch die große Anzahl Internetnutzer. Das sind nämlich über 4 Milliarden Menschen weltweit. Gibt man etwas in die Google-Suche ein, postet etwas auf Facebook, Instagram, Twitter oder anderen sozialen Netzen oder klickt man etwas in einem Onlineshop wie Amazon oder Alibaba an, dann wird diese Aktion gespeichert. In einer Minute werden

- 3,8 Millionen Suchanfragen bei Google eingegeben,
- 45 Millionen Nachrichten mittels Facebook Messenger oder WhatsApp verschickt,
- 400.000 Tweets auf Twitter gepostet,
- 300 Stunden an Videomaterial auf YouTube hochgeladen,
- 50.000 Fotos auf Instagram gepostet und
- 4,5 Millionen Likes auf Facebook verteilt.

Aber nicht nur die Interaktionen von Menschen mit dem Internet stellen eine Datenquelle dar, sondern auch Sensoren liefern Daten, indem sie Messwerte aufzeichnen. Da es viele Vorteile hat, diese Messwerte auf einem zentralen Datenspeicher zur Verfügung zu haben, übertragen die Sensoren heutzutage ihre Informationen in die Cloud: Es sind IoT-Geräte (*Internet of Things, IoT*). Sensoren werden zum Beispiel in der Umwelttechnik eingesetzt, um die Luftreinheit zu überwachen. Auch einfache Barcodes, die auf jedem Paket aufgebracht sind, liefern Daten, nämlich Informationen über den Aufenthaltsort des Pakets. Solche Barcodes sind keine aktiven Sensoren, sie übertragen selbst keine Daten, sondern müssen gescannt werden. Viele Fabriken benutzen mittlerweile Sensoren zur Überwachung der Fertigung und die eingesetzten Maschinen senden ihren aktuellen Produktionsstatus oder ihren Wartungsstand, damit Fehler und Abweichungen schnell korrigiert und Reparaturen eingeplant werden können.

Auch die Varietät der Daten ist eine Herausforderung. Es ist eben nicht nur eine Klasse von Daten, zum Beispiel Bilder der gleichen Größe, auf die eine Datenbank optimiert werden könnte, sondern es gibt ganz unterschiedliche Arten.

Die Zunahme bei den drei Vs sorgt dafür, dass bisher verwendete Datenbanken für diese Flut nicht unbedingt geeignet sind. Relationale Datenbanken, de facto Standard für die meisten Daten, stoßen an ihre Grenzen, obwohl auch sie immer leistungsfähiger werden. Die Grundprinzipien, die große Pluspunkte von relationalen Datenbanken sind, bei Big Data aber gleichzeitig Probleme machen, sind Konsistenz und Redundanzfreiheit. Das bedeutet, dass ein Datensatz eine starre Tabellenform hat und nur einmal in der Datenbank vorkommt. Das nachträgliche Hinzufügen von Spalten oder das Überprüfen der Eindeutigkeit sind rechenintensive Aufgaben. Daher werden für Big Data meist NoSQL-Datenbanken verwendet. NoSQL steht für Not only SQL, da SQL die Abfragesprache relationaler Datenbanken ist. NoSQL ist ein Sammelbegriff, unter den verschiedene Systeme fallen (Abschn. 5.1.1), die jeweils auf gewisse Strukturen zugeschnitten sind. Fast allen gemein ist, dass das Schreiben von Daten sehr schnell geht oder auf mehrere Rechner verteilt werden kann, da auf starke Konsistenzprüfungen verzichtet wird.

In einigen Definitionen von Big Data werden zum Teil noch zwei weitere Vs verwendet:

- **Veracity/Validity**: Die Datenqualität bzw. das Vertrauen in die Daten
- **Value**: Der Business-Wert, denn man sammelt Daten (hoffentlich) nicht um des Sammelns willen, sondern um Vorteile für das Unternehmen zu generieren.

Diese beiden Ergänzungen tragen aber nicht wirklich zur Beschreibung bei, was Big Data ist. Dafür betonen sie zwei wichtige Eigenschaften, die die Daten – oder besser gesagt der Datenerfassungsprozess – haben sollte. Ist die Datenqualität schlecht, dann kann auch der beste Algorithmus kaum noch etwas retten. Ein beliebter Spruch dafür ist „Garbage in, garbage out". Steckt man nur Datenmüll in die Analyse hinein, dann kann am Ende ebenfalls nur Müll herauskommen.

Warum legt man so viel Wert darauf, möglichst viele Daten zu erfassen, obwohl das doch offensichtlich nur mit einem erheblichen Aufwand zu bewerkstelligen ist? Nun, die Idee ist, dass in den Daten wichtige Informationen stecken, die für ein Unternehmen wertvoll sind. Das können Erkenntnisse sein, die eine bessere Unternehmenssteuerung ermöglichen, um zum Beispiel Kosten zu reduzieren. Es kann aber auch sein, dass die Daten selbst erst das Produkt ermöglichen, zum Beispiel den Facebook-Feed. Die sozialen Netzwerke wären in der aktuellen globalen Nutzung nicht denkbar ohne die vielen Big-Data-Techniken, die in den letzten 10 Jahren entstanden sind. Je größer und globaler ein Unternehmen ist, desto bessere Methoden benötigt es. Da wundert es nicht, dass eben diese Techniken von den großen Playern wie Facebook, Google oder Amazon entwickelt wurden.

1.3 Deep Learning: Aus der Tiefe kommt die Intelligenz

Deep Learning ist leider zu einem Modewort verkommen, das inflationär verwendet wird. Im Prinzip ist es eine Unterklasse von neuronalen Netzen, welche verhältnismäßig viele Zwischenschichten besitzen (Abb. 1.3). Neuronale Netze dieser Art haben in letzter Zeit einige Fortschritte möglich gemacht. Häufig wird aber Deep Learning einfach mit neuronalen Netzen und auch künstlicher Intelligenz gleichgesetzt. Es klingt auch direkt viel spannender, oder?

Wie genau ein künstliches neuronales Netz funktioniert, beschreibe ich in Kap. 6. Grob gesagt besteht es aus Knoten

Eingangsschicht   Zwischenschichten   Ausgangsschicht

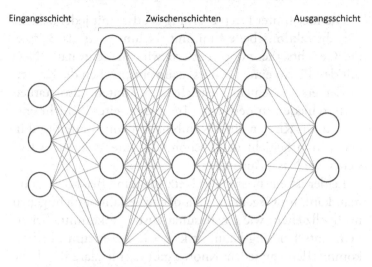

Abb. 1.3 Ein neuronales Netz mit fünf Schichten

sowie Verbindungen zwischen den Knoten. Die Knoten
sind in Schichten angeordnet. Es gibt eine Eingangsschicht,
in die die Daten, zum Beispiel ein Bild, gesteckt werden.
Dann kommen ein oder mehrere Zwischenschichten und
am Ende ist die Output-Schicht, die das Ergebnis beinhaltet. Zum Beispiel könnte die Output-Schicht aus zwei
Knoten bestehen: Der eine Knoten steht für „Hund auf
Bild vorhanden", der andere für „kein Hund auf Bild vorhanden". Deep-Learning-Netze sind tiefe neuronale Netze,
d. h. Netze mit mehr als ein oder zwei Zwischenschichten.
BERT, ein neuronales Netz zum Verständnis der menschlichen Sprache, hat in der großen Version 24 Schichten mit
je 1024 Knoten und somit 340 Millionen Parameter. AlphaGo, das Programm, welches den stärksten menschlichen Go-Spieler besiegt hat, besteht aus drei neuronalen
Netzen mit jeweils 13 Schichten. Das neuronale Netz
CheXNet, welches darauf trainiert ist, Lungenentzündungen auf Röntgenaufnahmen zu erkennen, besteht sogar aus
121 Schichten [2].

Die Idee hinter Deep Learning ist, dass mit jeder Schicht die Abstraktionsebene zunimmt. Nehmen wir als Beispiel die Gesichtserkennung. Füttern wir ein neuronales Netz mit den Pixeln eines Porträts, dann entsprechen die Knoten in der ersten Schicht vielleicht den Kanten, also starken Unterschieden in der Farbe. In einer zweiten Schicht entspricht ein Knoten einer Kombination von Kanten und in der dritten Schicht dann schon Charakteristika eines Gesichts wie Nase, Augen, etc.

Leider ist ein neuronales Netz aber eine Blackbox, d. h., man kann im Gegensatz zu anderen Verfahren nicht genau nachvollziehen, wie ein Resultat zustande kommt. Bei einem Entscheidungsbaum ist klar, wie dieser zum Ergebnis kommt, denn an jedem Knoten gibt es eine klare Regel, die entscheidet, welchen Weg man weiter geht. Bei einem neuronalen Netz hat man nur das Ergebnis, welches von einer riesigen Menge von Knoten und Verbindungen bestimmt wird, deren Interpretation unklar ist.

Man kann versuchen, das Verhalten von neuronalen Netzen besser zu verstehen, indem man schaut, bei welchen Inputs welche Knoten hohe Werte haben, also besonders stark reagieren. Es gibt für diese Aufgabe ein Programm, um das bei Netzen zur Bilderkennung zu visualisieren [4]. Zum einen kann man sehen, welches Knoten stark auf gewisse Bilder reagieren. Zum anderen funktioniert das auch umgekehrt, d. h., das Programm kann synthetische Bilder erzeugen, die einen Knoten stark reagieren lassen. So gibt es Knoten in dem neuronalen Netz, die auf Gesichtserkennung spezialisiert sind. Andere erkennen Falten und wieder andere reagieren auf Schrift. Das Faszinierende ist, dass solche Fähigkeiten nicht explizit gefordert, aber indirekt durch das Erkennen von Objekten verursacht werden. So ist die Schrifterkennung vermutlich eine wichtige Teilaufgabe, wenn das neuronale Netz ein Bücherregal erkennen soll, in dem die Titel auf den Buchrücken mit sehen sind.

1.4 Cloud Computing: Alles wird virtuell

Cloud Computing oder einfach nur „die Cloud" bezeichnet IT-Infrastruktur, die über ein Netzwerk, meistens das Internet, als Dienstleistung zur Verfügung gestellt wird. Das heißt, dass man nicht mehr selbst die Hardware kaufen, in Betrieb nehmen und die Software-Dienste einrichten und warten muss, sondern sich alles von Hardware bis Software oder Teile davon mietet. Die IT-Infrastruktur steht aber nicht vor Ort wie ein Kopierer, sondern in großen Rechenzentren. Zudem erfolgt dort eine Entkoppelung von der Hardware. Statt sich einen Computer im Rechenzentrum zu reservieren, mietet man eine virtuelle Maschine oder auch nur gewisse IT-Dienstleistungen. Die Steuerung oder Nutzung erfolgt völlig problemlos über den Webbrowser. Jeder normale Mensch kann sich heutzutage bei den Big Playern der Branche Amazon AWS, Microsoft Azure oder Google Cloud Platform unglaubliche Rechenleistung oder Speicherkapazitäten mieten, sofern er bereit ist, dafür den entsprechenden Betrag zu bezahlen.

Man unterscheidet drei Arten von Cloud-Dienstleistungen: Infrastructure as a Service, Platform as a Service und Software as a Service.

1.4.1 Infrastructure as a Service – IT-Ressourcen leihen

Bei **Infrastructure as a Service** (IaaS) mietet man sich Computer-Infrastruktur nach Bedarf. Will ich also ein komplexes Machine-Learning-Modell trainieren, miete ich mir kurzfristig die entsprechende Rechenleistung – aber eben nur so lange, wie ich diese für die Berechnungen benötige. Das ist ein großer Unterschied zum Kauf von eige-

nen Servern, die dann im eigenen Serverraum untergebracht werden müssen und vielleicht die meiste Zeit nicht
benötigt werden. Sie müssen aber trotzdem laufen und ver-
brauchen Strom.

Möglich wurden diese Dienstleistungen durch die Vir-
tualisierung der IT-Ressourcen. Auf die echte Hardware
wird eine Software-Schicht gesetzt, die Hardware wie Server, Speicher etc. simuliert. Statt einen echten Rechner zu
mieten, mietet man sich nur einen virtuellen Rechner.
Cloud-Anbieter können so ziemlich alles automatisieren
und dynamisch verteilen, denn im Endeffekt ist es nur Software, die programmiert werden kann.

1.4.2 Platform as a Service – ganze Systeme leihen

Eine Ebene abstrakter als IaaS ist **Platform as a Service**
(PaaS). Der Nutzer erhält als Dienstleistung eine ganze
Computer-Plattform, die meist für Softwareentwicklung
oder Webanwendungen eingesetzt wird. Diese Plattform
setzt sich zum Beispiel aus einem Betriebssystem, einer
Programmierumgebung sowie einem Datenbanksystem
zusammen. Anders als bei IaaS, bei der der Nutzer einen
virtuellen Computer erhält, braucht der Nutzer bei PaaS
administrative Aufgaben wie die Einrichtung der Software und Server-Dienste oder das Aufspielen von Sicher-
heitsupdates nicht selbst zu übernehmen. Damit spart er
Zeit bzw. Arbeitsressourcen. Der Anbieter kann diese
Dienstleistungen wesentlich effizienter ausführen, da er
das für viele Kunden gleichzeitig macht oder weitestgehend automatisiert. Dafür berechnet er eine Servicege-
bühr, die höher ist als bei der reinen Bereitstellung der
IT-Infrastruktur.

1.4.3 Software as a Service – Programme im Webbrowser

Die höchste Abstraktionsebene ist **Software as a Service** (SaaS), bei der der Nutzer Software als Dienstleistung mieten kann. Die Umstellung von Einmalkäufen auf monatliche Abo-Modelle ist schon vor einer Weile bei Anwendersoftware passiert. SaaS geht aber noch einen Schritt weiter, denn die Software läuft nicht mehr auf dem lokalen Rechner, sondern in der Cloud. Der Nutzer interagiert mit der Software meist über den Webbrowser, wodurch er sich nicht um dafür benötigte IT-Infrastruktur kümmern muss. Es genügen ein einfach ausgestatteter Computer oder ein Tablet. Jeder kennt das vermutlich von den E-Mail-Programmen im Browser von Yahoo, GMail oder GMX. Microsoft Office gibt es als Office365 in der SaaS-Version. Im professionellen Bereich ist Salesforce ein prominentes Beispiel.

Interessant ist die Entwicklung auch aus der Perspektive der Programmierer, die einen Webservice programmieren wollen. Ein Webservice kann dafür verwendet werden, um Daten zwischen Webservern auszutauschen, zum Beispiel wenn man den aktuellen Wetterbericht auf seiner Webseite anzeigen möchte. Viele Webseiten werden in sogenannten Mikroservices zerteilt. So sind Suchfunktion oder die *Recommender Engine* (dt. Empfehlungsdienst) separate Prozesse. Will man also solch einen Service aufsetzen, dann bieten die Cloud-Anbieter heutzutage an, das *serverless*, also ohne Server, aufzusetzen. Natürlich läuft im Hintergrund doch irgendwo ein Server, auf dem das Programm ausgeführt wird, aber der Programmierer muss sich darum nicht mehr kümmern.

1.5   Das Internet der Dinge: Daten ohne Ende

Das **Internet der Dinge** (englisch *Internet of Things*, IoT) ist Voraussetzung für viele Automatisierungen in der realen Welt. Damit ein Computerprogramm richtig handelt und zum Beispiel eigenständig die Bremse des Autos betätigt, muss es erst mal wissen, in welchem Zustand sich die Außenwelt befindet. Wie können Computer über den Zustand von Maschinen in einer Fertigungsstraße oder über die Umgebung eines selbstfahrenden Autos Bescheid wissen?

Die Schlüsseltechnologie sind Sensoren. Sensoren wie Temperaturmesser, Laser-Abstandsmesser, Kameras, Mikrofone gibt es schon relativ lange. Die Varianten reichen von einfachen und preiswerten RFID-Chips bis hin zu hochkomplexen Präzisionsinstrumenten. Hier sind beachtliche Fortschritte hinsichtlich Kosten und Genauigkeit gemacht worden. Preiswerte Staubsaugerroboter sind mit einer Vielzahl von Sensoren ausgestattet, die den Hersteller nur Cent-Beträge kosten.

Der größte Fortschritt ist nun aber, dass die digitalisierten Reize aufgezeichnet und an eine zentrale Stelle weitergeleitet werden, meistens an eine Datenbank in der Cloud. Diese Kommunikationsfähigkeit ermöglicht fantastische Anwendungen: Zum Beispiel kann ein Auto informiert werden, wenn das vorausfahrende Auto bremst.

Je nach benötigten Fähigkeiten variiert die Technik. Zur Nachverfolgung von Paketen beispielsweise genügt ein einfacher Barcode. Statt Barcodes oder auch QR-Codes kommen zur Identifizierung auch RFID-Chips zum Einsatz, zum Beispiel im deutschen Personalausweis oder Reisepass. Ein RFID-Chip (*radio frequency identification*) besitzt eine Identifikationsnummer, welche mittels elektromagnetischer Wellen (Radiowellen) durch ein Lesegerät ausgelesen werden kann. Interessant dabei ist, dass die Radiowellen den Strom erzeugen, der gebraucht wird, damit der RFID-Chip seine Nummer senden kann.

Eine Stufe komplexer sind Mikrocontroller, welche mit Sensoren verbunden sind. Und sollen auch aufwendigere Berechnungen vor Ort durchgeführt werden, werden kleine Computer verwendet.

Bei der Wahl der Leistung steht neben den Kosten meistens auch der Stromverbrauch im Fokus. Denn die Objekte wie eine Pegelmessung für einen Fluss haben nicht unbedingt eine Stromquelle in der Nähe und sollen trotzdem lange Zeit wartungsfrei laufen.

Literatur

1. Mishra A (2019) Demystifying data science, TEDx OakLawn. https://www.youtube.com/watch?v=iJUzouXg5kY. Zugegriffen am 12.02.2020
2. Rajpurkar P et al (2017) CheXNet: radiologist-level pneumonia detection on chest X-rays with deep learning, arXiv:1711.05225
3. Forbes WD (2011) Interview mit Monika Rogati. https://www.forbes.com/sites/danwoods/2011/11/27/linkedins-monica-rogati-on-what-is-a-data-scientist. Zugegriffen am 12.02.2020
4. Yosinski J et al (2015) Understanding neural networks through deep visualization, arXiv:1506.06579

2

KI: Hype oder Technologie der Zukunft?

Künstliche Intelligenz (KI) beschäftigt sich mit der Lösung von Problemen bzw. Aufgaben durch den Computer, für die der Mensch seine Intelligenz einsetzen muss. Das klingt erst mal ganz plausibel. Das Problem bei dieser Definition ist allerdings, dass schon eine präzise Definition der menschlichen Intelligenz Schwierigkeiten bereitet. Sicherlich genügt dafür nicht einfach nur ein gutes Abschneiden im IQ-Test, der vor allem analytisches Denken beurteilt.

Ist denn ein Programm intelligent, wenn es durch pure Rechenleistung alle Möglichkeiten durchrechnen kann (*brute force*) oder gehört doch eine gewisse Abstraktion oder vielleicht Kreativität dazu? Tatsächlich scheint es so, dass als KI immer solche Probleme angesehen werden, die von der Menschheit noch nicht als normal für einen Computer angesehen wird.

Der Begriff Künstliche Intelligenz geht auf den durch John McCarthy organisierten Workshop „*Dartmouth Summer Research Project on Artificial Intelligence*" im Jahr 1956 zurück [1]. Aber auch schon vorher war der Mensch faszi-

© Der/die Autor(en), exklusiv lizenziert durch Springer-Verlag GmbH, DE, ein Teil von Springer Nature 2021
H. Aust, *Das Zeitalter der Daten*,
https://doi.org/10.1007/978-3-662-62336-7_2

niert von intelligenten Automaten. Selbst in Homers Ilias wird beschrieben, dass der Gott Hephaistos künstliche Dienerinnen und selbstfahrende Fahrzeuge hergestellt hatte. Im 18. Jahrhundert wurde Wolfgang von Kempelen mit seinem „Schachtürken" berühmt. Das war ein großer Automat, der aus einem Tisch mit Schachbrett und einem in türkischer Tracht gekleideten Figur bestand. Die Figur konnte seinen Arm bewegen, um einen Zug zu machen, und auch den Kopf bewegen, um auf dem Schachspiel herumzugucken. Es sah also so aus, dass der Automat selbstständig Schach spielen konnte und auch wohl viele bekannte Schachspieler der damaligen Zeit geschlagen hatte. Also quasi der erste Schachcomputer. So weit war die Technik zu der Zeit allerdings noch nicht. Es stellte sich heraus, dass in dem Apparat ein Mensch versteckt war. Es wird vermutet, dass die Redewendung „etwas türken" von diesem Schachapparat herrührt. Inspiriert davon heißt ein Service von Amazon „Mechanical turk". Bei diesem können sich Unternehmen menschliche Arbeitsleistung für Aufgaben wie Transkription von Audioaufnahmen oder Objekterkennung in Videos mieten. Solche Aufgaben heißen Human Intelligence Tasks und sind eben Aufgaben, für die die künstliche Intelligenz noch nicht ausreicht.

Das Schachspiel war für die Menschen jedenfalls lange Jahre der Inbegriff der Intelligenz und dementsprechend eine der ersten Meilensteine für künstliche Intelligenz. So sagte Herbert Simon 1957 unter anderem voraus, dass in den nächsten 10 Jahren ein Computer Schachweltmeister werde. Das sollte allerdings noch bis 1997 dauern, bis IBMs Deep Blue Garri Kasparov schlagen konnte.

In der heutigen Zeit haben viele Technologien in unseren Alltag Einzug gehalten, die vor Kurzem noch als Undenkbar für Computer galten. Denken wir zum Beispiel an die Sprachsteuerung durch Alexa, Siri und Co. Oder auch an

Übersetzungen und Untertitel in Echtzeit. Der Google Assistent, in den USA schon im Einsatz, kann Telefonate selbstständig durchführen, um Reservierungen in Restaurants oder beim Friseur zu machen. Es scheint nur noch wenige Jahre zu dauern, bis selbstfahrende Autos den Menschen am Lenkrad ablösen werden.

Trotz oder vielleicht gerade wegen der massiven Fortschritte befinden wir uns sehr wahrscheinlich in einer Phase des KI-Hypes.

2.1 Kommt der KI-Winter?

Laut einer Studie von MMC Ventures gibt es bei 40 % der europäischen Startups, die als KI-Unternehmen klassifiziert sind, keinerlei Belege für die Anwendung von KI-Technologien [2]. Zudem war bei 26 % der Startups, die tatsächlich KI benutzen, lediglich vermeintlich intelligenten ChatBots im Einsatz. Diese Übertreibungen haben natürlich den einfachen Grund, dass KI-Startups deutlich mehr Geld von Investoren bekommen. Es lohnt sich, denn es sind bis zu 50 % mehr [3].

Sind die Erwartungen größer als der Fortschritt liefern kann, kann sich ein Hype ins Gegenteil verkehren. Der erste **KI-Winter**, also eine Phase, in der Interesse und dementsprechend Fördergelder und Investitionen stark zurückgehen, trat zwischen 1974 und 1980 ein. Die in den 1950er postulierten Ziele und Arbeiten an sogenannten General Problem Solvern waren gescheitert. Ein wichtiger Auslöser war der sogenannte Lighthill report [4], den James Lighthill 1973 für das British Science Research Counsil anfertigte und der dazu führte, dass die KI-Forschung in fast allen britischen Universitäten eingestellt wurde. Auch die DARPA-Förderung für KI-Projekte wurde weitestgehend gestoppt. Die DARPA, Defense Advanced Research Projects Agency, ist eine Behörde des US-Verteidigungsministeriums, die Forschungseinrichtungen mit Fördergeldern unterstützt. So gehen das ARPANET, der Vorläufer des Internets und auch das GPS aus DARPA-Projekten hervor.

Ende der 1980er wiederholte sich die Geschichte. Des McDermott beschreibt schon im Jahr 1984 ein visionäres, allerdings für ihn sehr unwahrscheinliches Szenario [5]:

> „In spite of all the commercial hustle and bustle around AI these days, there's a mood that I'm sure many of you are familiar with of deep unease among AI researchers who have been around more than the last four years or so. This unease is due to the worry that perhaps expectations about AI are too high, and that this will eventually result in disaster. To sketch a worst case scenario, suppose that five years from now the strategic computing initiative collapses miserably as autonomous vehicles fail to roll."

Robert Schank hält dieses Szenario im gleichen Paper für ziemlich realistisch und sollte Recht behalten.

Nachdem die General Problem Solver gescheitert und der erste KI-Winter überstanden war, setzte man in den 1980ern große Hoffnungen in sogenannte **Expertensysteme**. Das sind Computerprogramme, welche anhand einer Wissensbasis dem Menschen beim Lösen von speziellen Problemen – wie ein Experte – helfen können. Die Expertensysteme interpretieren dieses Wissen mittels logischer Regeln (z. B. Wenn-Dann-Regeln). Die ersten Systeme waren kommerzielle Erfolge und so entwickelte sich darum eine Hardwareindustrie mit sogenannten LISP-Maschinen. LISP ist nach Fortran die zweitälteste Programmiersprache, welche in der Variante Scheme auch heute noch im Einsatz ist. LISP steht dabei für List Processing und ist eine sehr flexible Programmiersprache, so dass LISP auch als programmierbare Programmiersprache bezeichnet wird.

Ein Beispiel für ein sehr erfolgreiches Expertensystem hat den Namen XCON und wurde von der Firma Digital Equipment Corporation (DEC) eingesetzt. DEC verkaufte viele verschiedene Computerkomponenten. Das Problem war jedoch, dass viele der Komponenten nicht kompatibel miteinander waren. Das Vertriebsteam war technisch nicht sonderlich geschult und so mussten alle Bestellungen manuell auf Kompatibilität und auch Vollständigkeit geprüft werden. XCON automatisierte diesen Prozess und unterstütze das Vertriebsteam, in dem es 1000 und später sogar 2500 Regeln überprüfte. Es wird geschätzt, dass DEC damit jährlich 40 Millionen Dollar sparte.

Obwohl Milliarden in solche Expertensysteme gesteckt wurden, waren sie langsam und erforderten viel Wartung. Daher wurden sie Ende der 1980er mehr und mehr durch preiswertere und vor allem flexiblere Desktop-Rechner ersetzt. Expertensysteme erwiesen sich nur in Spezialfällen als wirtschaftlich sinnvoll. Und wieder war es die DARPA als bedeutender Geldgeber, welche KI nicht als in nächster Zeit realisierbare Technologie ansah, sondern lieber in kurzfristig erfolgversprechendere Technologien investierte [6].

Ob tatsächlich wieder ein KI-Winter bevorsteht, kann natürlich keiner wirklich vorhersagen, nicht einmal der intelligenteste Prognose-Algorithmus. Dafür sprechen vor allem der inflationäre Gebrauch des Begriffs und die zum Teil übertriebenen Hoffnungen, was künstliche Intelligenz schon bald alles lösen kann. Auf der anderen Seite wurden tatsächlich viele praktische Fortschritte erzielt, die vor ein paar Jahren noch unmöglich für Maschinen galten. So gilt mittlerweile die Erkennung von Objekten in Bildern als gelöst. Auch Natural Language Processing, also das Verarbeiten natürlicher menschlicher Sprache, hat in den letzten Jahren explosionsartige Fortschritte gemacht und hat mit den digitalen Assistenten wie Siri, Alexa oder Google Home Einzug in unseren Alltag gehalten. Vielleicht wird die Realisierung von autonom fahrenden Autos zum Prüfstein. Autonomes Fahren ist eine sehr komplexe Aufgabe. Dabei spielt vor allem die Präzision eine große Rolle. Es ist nicht schlimm, wenn Alexa die Aufforderung, meine Lieblingsmusik abzuspielen, beim ersten Anlauf nicht richtig versteht und etwas anderes tut wie das Licht dimmen. Aber wie viele Fehler darf ein Computer, der mein Auto lenkt, machen? Man kann nicht davon ausgehen, dass er in jeder Situation perfekt reagiert. Genügt es, wenn er ein besserer Fahrer als der Durchschnittsmensch oder als ein sehr guter Autofahrer ist? Das ist natürlich auch eine Akzeptanzfrage in der Bevölkerung. Ein Computer macht andere Fehler als ein Mensch. Was von den Menschen als einfache Situation angesehen wird, ist es für den Computer vielleicht nicht klar, wie er reagieren soll. Umgekehrt gilt das genauso.

Sollte es in naher Zukunft gelingen, dass selbstfahrende Autos im Alltag verwendet werden, wäre ein weiterer Meilenstein der künstlichen Intelligenz erreicht. Autonomes Fahren ist allerdings eine spezielle Fähigkeit, es gibt aber noch ambitioniertere Projekte bezüglich einer allgemeineren künstlichen Intelligenz.

2.2 Schwache KI liegt in Führung

Man unterscheidet zwischen **starker KI** (engl. strong/general) und **schwacher KI** (engl. weak/narrow AI). Auch wenn diese Bezeichnungen gebräuchlicher sind, wären allgemeine und spezielle KI einfacher verständlich. Letztere bezieht sich auf ein ganz spezielles Problem wie zum Beispiel Schach, Bilderkennung oder Navigation. In diesen klar abgegrenzten Aufgabenstellungen sind in den letzten Jahren massive Fortschritte gemacht worden, so dass Computer den Menschen dort sogar übertreffen. Starke KI hingegen bezeichnet allgemeine Fähigkeiten des menschlichen Denkvermögens, also zum Beispiel Planung, Abstraktion, Kombination von Fähigkeiten oder auch die Kommunikation in menschlicher Sprache.

Alan Turing skizzierte 1950 eine Idee, wie man die Fähigkeiten der Kommunikation testen könne. Daraus entwickelte sich der sogenannte **Turing-Test** (Abb. 2.1). Für das Bestehen des Tests ist sogar seit 1991 der Loebner-Preis [7] mit einem Preisgeld in Höhe von 100.000 US-Dollar ausgesetzt. Es gibt jährlich Wettbewerbe dazu, jedoch konnte das Ziel bisher noch nicht erreicht werden.

Der Turing-Test sieht vor, dass eine Person per Tastatur und Bildschirm, also ohne direkten Kontakt, zwei Gespräche führt: eines mit einem Computer und eines mit einem Menschen. Kann man nach einer festgelegten Zeit nicht entscheiden, welcher Gesprächspartner der Computer und

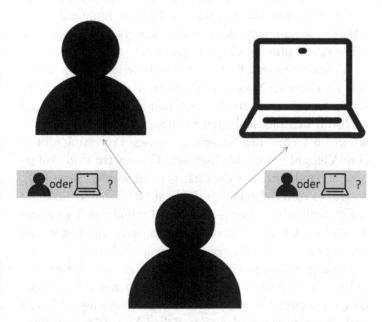

Abb. 2.1 Turing-Test: Der Tester muss entscheiden, welcher der beiden Gesprächspartner ein Mensch und welcher ein Computer ist

welches der Mensch war, hat der Computer den Turing-Test bestanden. Der Gewinner des Loebner-Wettbewerbs war die letzten vier Jahre der ChatBot Mitsuku, mit dem man auch selbst chatten kann [8].

Auch wenn der Turing-Test sicherlich eine interessante Idee ist, ist dessen Einsatz zur Bestimmung der Güte von KI ein „red herring", wie François Chollet in seinem Paper über Intelligenz-Messung [9] schreibt. Jemandem einen roten Hering zuwerfen ist eine englische Redewendung, die bedeutet, jemanden auf die falsche Fährte locken. Tatsächlich waren die Überlegungen von Turing eher als philosophische Argumentation denn als praktischer Test gemeint.

Es bleibt die Frage bestehen, wie denn nun Intelligenz von Maschinen gemessen werden kann. Das ist in der Tat eine wichtige Frage, denn nur durch geeignete Messverfahren lässt sich Fortschritt definieren und erreichen. Aktuell konzentriert sich die angewandte KI-Forschung auf spezielle Fähigkeiten, zum Beispiel das Beherrschen von Videospielen nach umfangreichem Training.

Es gibt eine ganze Reihe von Testbatterien für die einzelnen KI-Gebiete. Neue Techniken werden anhand des Abschneidens dieser Tests mit bestehenden Algorithmen und auch mit den menschlichen Fähigkeiten verglichen. Allein schon im Gebiet des Natural Language Processing gibt es eine Vielzahl unterschiedlichsten Datensätze und Aufgaben, anhand derer die Qualität geprüft werden kann [10]. So gibt es zum Beispiel den RepEval 2017 Shared Task, der auf textuelles Schlussfolgern (textual entailment) ausgelegt ist. Oder auch den Sarcasm Corpus, der zum Testen von Sarkasmus-Verständnis verwendet werden kann.

Bei allgemeiner Intelligenz geht es aber nicht nur um das Beherrschen spezieller Fähigkeiten. Es scheint aktuell so, dass mittlerweile viele Fähigkeiten durch genügend langes Training mit genügend großen Beispieldatensätzen gemeistert werden können. Allgemeine Intelligenz zeichnet sich aber durch die Lernfähigkeit und zugehörige Effizienz aus.

Legg und Hutter haben eine Sammlung von 70 Definitionen von Intelligenz zusammengetragen und unterteilen diese in allgemeine Definitionen, z. B. aus Lexika, Definitionen von Psychologen und Definitionen von KI-Forschern [11]. Die häufigsten Eigenschaften vereinen sie dann zu der folgenden Aussage:

> "Intelligence measures an agent's ability to achieve goals in a wide range of environments." – Legg and Hutter
> „Intelligenz misst die Fähigkeit eines Agenten Ziele zu erreichen, und zwar in einer Vielzahl von Umgebungen"

Interessant ist, dass dabei beide Strömungen vereint werden. Da ist zum einen der Fokus auf spezielle Fähigkeiten, dass der Agent ein gewisses Ziel erreicht. Zum anderen wird die Vielzahl Umgebungen genannt, die nur durch Anpassung und Lernfähigkeit gemeistert werden können.

Tatsächlich gibt es aktuell nur wenig Fortschritte in der starken KI. Vielleicht liegt es, wie oben erwähnt, an den Schwierigkeiten, Intelligenz präzise zu messen. Es gibt allerdings Bestrebungen, analog zu den Testbatterien in den Spezialgebieten, Datensätze zu konstruieren, welche als Intelligenztest dienen soll. So hat Chollet den sogenannten Abstraction and Reasoning Corpus (ARC) veröffentlicht, der sich an psychometrischen Intelligenztests orientiert [9]. Das ermöglicht es, dass sowohl Mensch als auch Maschine den Test durchführen können und somit deren Abschneiden verglichen werden kann. ARC besteht aus insgesamt 1000 Aufgaben, wovon 400 für das Training und 600 für die Evaluation verwendet werden.

Liu et al. [12] arbeiten an einem „Standard Intelligenz Modell", welches auf dem Intelligenzbegriff von David Wechsler beruht und die vier Bereiche Daten, Information, Wissen und Weisheit umfasst. Auch diese Definition betont die Lernfähigkeit. Dazu passend haben Liu et al. schon 2014 einen IQ-Test konstruiert und auf diesen öffentlich verfügbaren KI-Systemen wie Apples Siri, Microsoft Bing oder Google KI losgelassen. Als Referenz dienten zudem verschiedene Altersgruppen von Menschen. So konnten sie zeigen, dass Google KI im Jahr 2016 einen IQ von etwa 47 hat, was etwas unter dem durchschnittlichen IQ eines sechsjährigen Kindes von 55 liegt. 2014 erreichte Google nur 26 Punkte, was die bahnbrechende Geschwindigkeit zeigt, mit der Maschinen intelligenter werden. In den letzten Jahren hat man sich allerdings vom direkten Vergleich Mensch-Maschine ab- und konkreteren Aufgaben zugewandt. Loupventure testet beispielsweise die digitalen Assistenzsysteme auf korrekte Beantwortung eines Fragenkatalogs und zeigt so Verbesserungen auf [13].

Ein ganz anderer Ansatz in der KI-Forschung ist es, statt die Algorithmen des maschinellen Lernens zu messen und weiterzuentwickeln, sich auf das menschliche Gehirn zu konzentrieren. So wird im Rahmen des Human Brain Projects [14], einem Forschungsprojekt der Europäischen Kommission, unter anderem versucht, das Gehirn im Computer so genau wie möglich nachzubauen (*whole brain emulation*). Abschätzungen bezüglich der zukünftigen Rechenleistung zeigen, dass diese abhängig vom Detaillevel – von realistischen neuronalen Netzen bis zu stochastischem Verhalten einzelner Moleküle – zwischen jetzt und dem Jahr 2100 verfügbar wären, sofern sich weiterhin die Rechenleistung alle 1,1 Jahre verdoppelt. Aktuell arbeiten Forscher daran, ein Mäusegehirn zu simulieren.

Literatur

1. Dartmouth Summer Research Project on Artificial Intelligence 1956 (o. J.) https://en.wikipedia.org/wiki/Dartmouth_workshop. Zugegriffen am 14.02.2020
2. The Verge, Vincent J (2019) Forty percent of ‚AI startups' in Europe don't actually use AI, claims report. Zugegriffen am 14.02.2020
3. Forbes OP (2019) Nearly half of all ‚AI Startups' are cashing in on hype. https://www.forbes.com/sites/parmyolson/2019/03/04/nearly-half-of-all-ai-startups-are-cashing-in-on-hype. Zugegriffen am 14.02.2020
4. Lighthill J (1973) Artificial intelligence: a general survey. Science Research Council. http://www.chilton-computing.org.uk/inf/literature/reports/lighthill_report/contents.htm. Zugegriffen am 14.02.2020
5. McDermott D et al (1985) The dark ages of AI: a panel discussion at AAAI-84. AI Mag 6(3):122. https://doi.org/10.1609/aimag.v6i3.494
6. Dataversity, Foote KD (2016) A brief history of artificial intelligence. https://www.dataversity.net/brief-history-artificial-intelligence. Zugegriffen am 14.02.2020
7. Loebner-Preis (o. J.) https://de.wikipedia.org/wiki/Loebner-Preis. Zugegriffen am 14.02.2020
8. Meet Mitsuku (o. J.) https://www.pandorabots.com/mitsuku. Zugegriffen am 14.02.2020
9. Chollet F (2019) On the measure of intelligence. arXiv:1911.01547
10. Tracking progress in natural language processing (o. J.) https://nlpprogress.com. Zugegriffen am 14.02.2020
11. Legg S, Hutter M (2007) A collection of definitions of intelligence. arXiv:0706.3639
12. Liu F et al (2017) Intelligence quotient and intelligence grade of artificial intelligence. arXiv:1709.10242

13. Loupventure, Munster G, Thompson W (2019) Anual digital assistant IQ test. https://loupventures.com/annual-digital-assistant-iq-test. Zugegriffen am 18.09.2020
14. The Human Brain Project (o. J.) https://www.humanbrain-project.eu. Zugegriffen am 14.02.2020

3

Wie lernt eine Maschine?

Ein Computer kann erst mal nur Befehle aus einem Befehlsvokabular ausführen, zum Beispiel die Addition von
zwei Zahlen oder auch das Aufleuchten eines Punktes auf
einem Monitor. Mittels verschiedener Abstraktionsebenen
und Programmiersprachen sind daraus Programme zum
Schreiben, Bildbearbeitung, Berechnungen oder für die
Unterhaltung entstanden. Seit das Internet in den meisten
Haushalten angekommen ist, passiert vieles davon über den
Webbrowser. Es sind aber weiterhin Programme, nur das
der größte Teil davon eben auf Servern, also Computern in
Rechenzentren, ausgeführt wird und nicht mehr auf dem
eigenen PC.

Die meisten Programme reagieren nach einem vordefinierten Muster auf Veränderungen. Durch einen Mausklick
öffnet sich ein neues Fenster, es wird eine Datei eingelesen
oder die Monster bewegen sich näher an den Spieler heran.
Entscheidend ist, dass alle Aktion und Reaktionen explizit
programmiert wurden.

© Der/die Autor(en), exklusiv lizenziert durch Springer-Verlag GmbH, **33**
DE, ein Teil von Springer Nature 2021
H. Aust, *Das Zeitalter der Daten*,
https://doi.org/10.1007/978-3-662-62336-7_3

Und jetzt wird es spannend, denn mittlerweile sind auch Programme im Einsatz, denen man nicht jede Regel einprogrammiert hat, sondern die lernen. Dabei gibt es eine große „Lern-Bandbreite" und die Grenzen zwischen Pseudo-Lernen und echtem Lernen sind fließend. So könnte ein Programm zählen, wie häufig der Benutzer einen gewissen Befehl ausgeführt hat und alle Befehle, die in den letzten 10 Sitzungen nicht benutzt wurden, in den Menüs ausblenden. Das konnte schon Word in der Version 2003 und man würde es nicht als maschinelles Lernen im eigentlichen Sinn bezeichnen, denn die Aktion wurde explizit programmiert:

WENN (Summe Befehlsaufruf der letzten 10 Sitzungen) = 0 DANN Befehl ausblenden.

Eine Maschine lernt anhand von Trainingsdaten und wendet das Gelernte dann auf neue Daten an. Ein typischer Lernalgorithmus durchsucht einen Parameterraum nach der „besten" Lösung für die Trainingsdaten. Das Ergebnis des Lernens sind also Werte für gewisse Parameter eines Modells. Diese Parameterwerte werden dann auf eine neue Situation angewandt.

> Als Maschinelles Lernen bezeichnet man das künstliche Generieren von Wissen aus Erfahrungen.

Klarer wird das mit einem Beispiel. Nehmen wir an, dass wir einen Eiswagen haben und optimieren wollen, wieviel Liter Eis wir morgens einladen sollten, damit wir möglichst viel verkaufen, aber auch nicht zu viel übrig bleibt. Das heißt wir benötigen eine Prognose für die Eismenge, die wir an dem Tag verkaufen. Solch einen Blick in die (nahe) Zukunft gewinnt man aus der Vergangenheit, also anhand vorhandener Beobachtungen. Wir vermuten, dass die ver-

Tab. 3.1 Außentemperatur und verkaufte Eismenge der letzten 10 Tage

Tag	Außentemperatur (in °C)	Eismenge (in l)
heute	27,3	?
gestern	25,9	131,6
vorgestern	25,1	126,3
heute – 3 Tage	24,4	136,5
heute – 4 Tage	24,2	115,9
heute – 5 Tage	25,7	125,7
heute – 6 Tage	26,7	140,3
heute – 7 Tage	26,9	160,4
heute – 8 Tage	28,1	131,8
heute – 9 Tage	27,8	157,1
heute – 10 Tage	26,2	135,5

kaufte Eismenge mit der Außentemperatur zusammenhängt. Daher haben wir die letzten 10 Tage beide Größen dokumentiert (Tab. 3.1).

Nun nutzen wir das statische Verfahren **lineare Regression** mit der Außentemperatur als Prädiktor. Haben wir einen Zusammenhang berechnet, dann können wir mittels der Außentemperatur, genauer gesagt deren Vorhersage, eine Vorhersage für die verkaufte Menge Eis machen.

Bei der linearen Regression wird eine Gerade durch die Beobachtungen gelegt (Abb. 3.1). Die Beobachtungen sind in unserem Beispiel die Werte (Temperatur und verkaufte Menge Eis) der letzten Tage. Das Modell wird folgendermaßen als Formel beschrieben, was eine Geradengleichung $b * X + a$ plus ein Störterm ε ist. Der Störterm beschreibt die Unsicherheit des Modells.

$$Y \sim b * X + a + \varepsilon$$

Es gibt also die zwei Parameter a und b, welche theoretisch beliebige reelle Zahlen sein können. Der Parameterraum sind also die zweidimensionalen reellen Zahlen (mathematisch R^2).

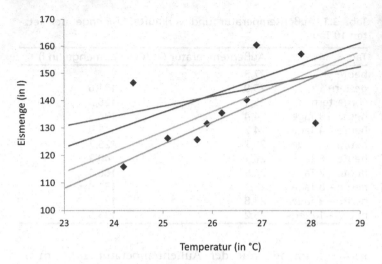

Abb. 3.1   Verschiedene Geraden durch Datenpunkte

Der Algorithmus findet nun die Parameter a und b, für die eine Bewertungsfunktion (der Gesamtfehler) möglichst klein wird. Bei der linearen Regression benutzt man als Bewertungsfunktion die Summe der quadratischen Abweichungen (engl. OLS = ordinary least square, Abb. 3.2).

$$B(a,b)$$
$$= \left(y_1 - b * x_1 + a\right)^2 + \left(y_2 - b * x_2 + a\right)^2 + \ldots + \left(y_n - b * x_n + a\right)^2$$
$$= \sum_{i=1}^{n} \left(y_i - b * x_i + a\right)^2$$

Natürlich könnte man auch andere Bewertungsfunktion verwenden und würde andere a und b herausbekommen. Unterschiedliche Bewertungsfunktionen haben unterschiedliche Vor- und Nachteile, die man gegeneinander abwägen muss.

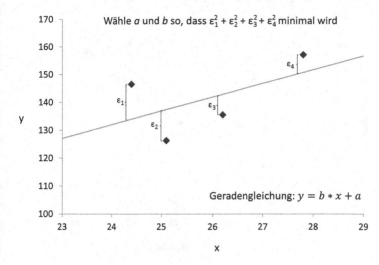

Abb. 3.2 Prinzip der kleinsten Quadrate

Geben wir den Befehl für lineare Regression in eine Programmiersprache ein, dann liefert uns der Algorithmus a = -33,8 und b = 6,5.

Der Computer hat also einen Zusammenhang zwischen Temperatur und verkaufter Menge Eis gelernt, welcher durch die zwei Parameter a und b beschrieben wird. Ob dieser Zusammenhang wirklich besteht und ob er wirklich linear ist (also durch eine Gerade beschrieben werden kann), weiß der Computer nicht. Im Endeffekt hat er nur zwei Zahlen anhand eines Algorithmus berechnet und diese gespeichert.

Um es vorweg zu nehmen: Die ermittelten Koeffizienten sind überhaupt nicht richtig, ich hatte die Zahlen mit a = 5, b = 5 und einem zufälligen Störterm ε, der einer Standardabweichung von 10 hat, gebildet. Die Stichprobengröße ist mit 10 Werten, bei gleichzeitig großem Störterm, eigentlich viel zu klein. Schaut man sich aber die Grafik dazu an, dann sieht man, dass die beiden Geraden in dem Temperaturabschnitt gar nicht so verschieden voneinander sind (Abb. 3.3).

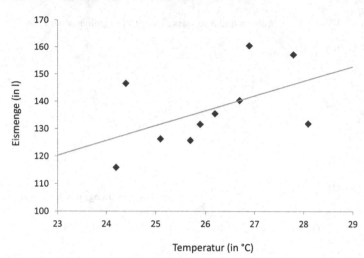

Abb. 3.3 Zusammenhang von verkaufter Eismenge und Temperatur

In der Realität wissen wir nicht, was der echte Zusammenhang ist, und müssen anhand von statistischen Kennzahlen überlegen, ob die Schlussfolgerungen valide sind.

Das ist aber erst einmal unser gewähltes Modell und nun könnte der Computer uns anhand der Wettervorhersage berechnen, wieviel Liter Eis wir mitnehmen müssen. Steht also in der Wettervorhersage für heute, dass es 27,3 °C werden, dann ergibt unser Modell eine Eismenge von ca. 144 Liter.

$$prognostizierte\ Eismenge = a + b * Temperatur$$
$$= -33,8 + 6,5 * 27,3 = 143,65$$

Bisher haben wir nur ein recht einfaches statistisches Verfahren benutzt, da ist noch nicht viel „Maschinelles Lernen" passiert. Die Methode der kleinsten Quadrate ist schon lange bekannt und geht auf Gauß zurück, der sie 1801 anwandte, um die elliptische Bahn des Zwergplaneten Ceres zu berechnen [1]. Auch wenn in der Realität die

Modelle natürlich viel komplexer sind, werden doch zumeist gut erforschte statistische Methoden verwendet. Daher kommt häufig der Vorwurf, dass Data Science eigentlich nur ein Trendwort für Statistik ist.

Aber es passiert noch ein bisschen mehr. Das maschinelle Lernen besteht im wiederholten Anwenden des Verfahrens. Wir nehmen also zum Beispiel immer die Beobachtungen der letzten 10 Tage und aktualisieren damit die Parameter *a* und *b* (Abb. 3.4).

Nun kommt auch die Softwareentwicklung ins Spiel, denn wir wollen ja nicht jeden Morgen die Zahlen der letzten Tage und die Wettervorhersage in den Computer eingeben. Daher werden diese Schritte automatisiert. Die Abverkäufe landen in einer Datenbank und mittels einer Schnittstelle zu einem Wetter-Anbieter holt der Computer selbstständig die Temperaturen. Der Computer aktualisiert selbstständig das Modell und schickt uns nur noch die prognostizierte Eismenge auf das Smartphone.

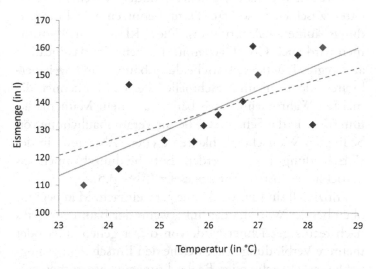

Abb. 3.4 Die Aktualisierung der Beobachtung ergibt neue Parameter

Um realistische Prognosen machen zu können oder komplexe Zusammenhänge zu erkennen, benötigt ein Data Science Team neben Statistikwissen und Fähigkeiten der Softwareentwicklung noch etwas Fachwissen. Der in unserem Fall benutzte Zusammenhang zwischen Eisverkauf und Temperatur ist sicherlich gegeben, aber vermutlich spielen andere Faktoren wie Standort des Eiswagens eine noch größere Rolle. Es muss auch nicht unbedingt der Data Scientist dieses Spezialwissen, im Business-Englisch als *Domain Knowledge* bezeichnet, haben. Er muss aber dieses Wissen, das die Fachexperten besitzen, anzapfen können. Dafür benötigt es gute Kommunikationsfähigkeiten. Statt der häufig genannten Trilogie aus Statistik, Software-Entwicklung und Fachwissen sollte also der dritte Punkt durch Kommunikationsfähigkeit ersetzt werden, um ein abgerundetes Data Scientist-Profil zu beschreiben.

Kommen wir aber zurück zu der Frage, wie eine Maschine lernt. Machen wir noch ein zweites Beispiel. Dieses Mal wollen wir wissen, welchen Kunden wir einen Newsletter zuschicken sollten. Dazu benutzen wir Entscheidungsbäume als Algorithmus. Diese Klasse von Algorithmen wird auch CART genannt, das steht für classification and regression trees. Entscheidungsbäume sind weit verbreitet, nicht nur im Maschinellen Lernen. So kennen die meisten Wahrscheinlichkeitsbäume aus dem Mathematikunterricht in der Schule, welche zur Veranschaulichung von bedingten Wahrscheinlichkeiten dienen. Aber auch in der Entscheidungstheorie werden Entscheidungsbäumen als betriebliches Instrument eingesetzt (Abb. 3.5).

Prinzipiell sind solche Bäume ganz einfach. Man beginnt oben bei der Wurzel, oder links, wenn der Baum von links nach rechts gezeichnet wird. Von dieser gehen einer oder mehrere Verbindungen ab, welche den Entscheidungsmöglichkeiten, Regeln oder Beobachtungen entsprechen wie „Es wurde eine rote Kugel gezogen" oder „Der Absatz steigt

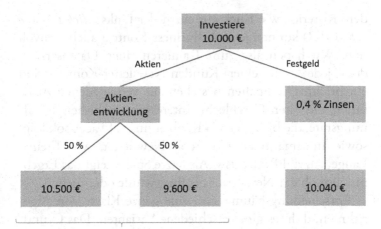

50 % · 10.500 € + 50 % · 9.600 € = 10.050 €

Abb. 3.5 Wahrscheinlichkeitsbaum für eine Investitionsentscheidung

um 10 %". Durch die Verbindungen gelangt man zum nächsten Knoten, von dem wieder Verbindungen abgehen. Das geht so lange weiter, bis man zu einem Knoten kommt, der keine ausgehenden Verbindungen mehr hat. Solch einen Knoten nennt man Blatt. Wird ein Entscheidungsbaum zur Klassifikation verwendet, dann steht an den Blättern die Einordnung in die verschiedenen Klassen fest. Bäume, die an jedem Knoten nur zwei Verzweigungen haben, nennt man Binärbäume.

Statt solch einen Entscheidungsbaum selbst aufzusetzen, wollen wir das natürlich einen Computer machen lassen. Anhand von den Informationen über unsere Kunden soll ein Baum entstehen, der am Ende entscheidet, ob wir einen Newsletter an den Kunden schicken oder nicht.

Um einen Baum wachsen zu, benötigen wir einen Beispieldatensatz, also einen Datensatz aus der Vergangenheit. Als Kriterium, ob wir den Newsletter verschicken, nehmen wir die Beobachtungen, ob der Kunde frühere Newsletter geöffnet oder sofort in den Papierkorb befördert hat. Andere Kriterien wie Klick auf einen der Links (*click through rate*, CTR) können je nach Business-Kontext auch sinnvoll sein. Wir haben also zum Trainieren einen Datensatz, in dem jede Zeile einer Kunden-Newsletter-Kombination entspricht. Die Spalten bestehen aus verschiedenen Attributen wie Alter, Geschlecht, Interessen, die bisherige Öffnungsrate, die bisherige CTR, ob er uns auf Facebook folgt sowie Informationen über den Newsletter, wie Thema, Länge, Anzahl Bilder usw. Als letzte Spalte zeigt das Ergebnis, also ob der Newsletter geöffnet wurde oder nicht.

Entscheidungsbäume sind eine ganze Klasse von Algorithmen, d. h. es gibt verschiedene Varianten. Das Grundprinzip ist aber das gleiche: Der Algorithmus wählt pro Knoten ein Attribut, anhand dessen die Daten unterteilt werden, so dass die Ordnung maximal zunimmt. Für Ordnung gibt es verschiedene Konzepte, z. B. Reduktion der Streuung, Erhöhung des Informationsgehalts oder das Gini-Maß.

Vermutlich ist die Öffnungsrate bisheriger Newsletter das wichtigste Kriterium. Der Algorithmus wählt dieses Attribut und eine Grenze aus, anhand derer die Klassifikation geöffnet/ungeöffnet möglichst geschickt unterteilt wird. So könnte das Kriterium sein, dass die bisherige Öffnungsrate bei 75 % liegt. Das ist sicherlich ein guter Anhaltspunkt. 95 % wäre noch besser, aber dann wäre der Split ungleich verteilt und es würden nur wenige Datensätze in den einen Ast gelangen. Der Informationsgewinn wäre gering.

Im zweiten Knoten entdeckt der Algorithmus, dass das Thema des Newsletters mit einem der Kundeninteressen übereinstimmen sollte. Damit ist der eine Pfad fertig: bisherige Öffnungsrate höher als 75 % und Thema ist in Interessen vorhanden. Diesen Kunden schicken wir auf jeden Fall den Newsletter.

Taucht das Thema nicht in den Interessen auf, ist noch ein weiteres Kriterium nötig. Nehmen wir an, es wäre das

Attribut der Facebook-Follower. Hier würden also alle Kunden, die bisher eine Öffnungsrate höher als 75 % haben, das Thema zwar nicht mit den Interessen übereinstimmt, aber die uns auf Facebook folgen, ebenfalls einen Newsletter bekommen.

Der Algorithmus macht so lange weiter, bis der gesamte Datensatz klassifiziert ist bzw. kein Informationsgewinn mehr durch einen Knoten erreicht werden kann (Abb. 3.6).

Häufig sind die Entscheidungsbäume zu stark an den Trainings-Datensatz angepasst. Man spricht von Overfitting, welches bei allen Machine-Learning-Algorithmen problematisch ist (Abschn. 4.1.3). Bei Entscheidungsbäumen gibt es das Verfahren des **Prunings**, also das Zurechtstutzen des Baums. Dabei kann man entweder von unten nach oben (bottom-up), also von den Blättern zur Wurzel, vorgehen. Dabei wir geschaut, was passiert, wenn ein Knoten durch ein Blatt ersetzt wird, der Baum also dort enden würde. Hätte das einen großen Einfluss auf die Klassifikationsgüte, dann bleibt der Ast bestehen, ansonsten wird er

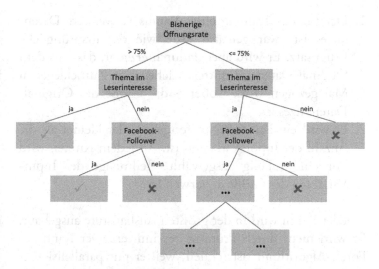

Abb. 3.6 Entscheidungsbaum für einen Newsletter-Versand

dort abgeschnitten. Es gibt auch das umgedrehte Vorgehen, also top-down, bei dem beginnend bei der Wurzel geprüft wird, ob ein Ast sinnvoll ist oder nicht.

Das Tolle an Entscheidungsbäumen ist, dass sie intuitiv verständlich sind und die Entscheidungen, die der Algorithmus trifft, genau nachvollzogen werden können. Leider gehören Entscheidungsbäume nicht zu den Algorithmen, die die besten Ergebnisse erzielen. Dennoch haben sie eine Berechtigung, insbesondere dadurch, dass der Entscheidungsprozess transparent ist – im Gegensatz zu den besser performenden neuronalen Netzen.

Random Forest ist eine Erweiterung des Entscheidungsbaum-Algorithmus. Dabei wird nicht nur ein Baum erzeugt, sondern ein ganzer Wald. Um am Ende eine Entscheidung zu treffen, wird einfach das Mehrheits-Wahlrecht angewandt. Das heißt jeder Baum klassifiziert für sich, dann wird gezählt, welche Klasse am häufigsten ausgewählt wurde. Die einzelnen Bäume werden folgendermaßen gebildet:

1. Der für das Training eines Baums verwendete Datensatzes ist zwar genauso groß wie der ursprüngliche Datensatz. Er wird aber dadurch erzeugt, dass aus dem Original-Datensatz mittels Ziehen mit Zurücklegen n Mal gezogen wird, wobei n die Größe des Original-Datensatzes ist.

2. Es wird ein Parameter m festgelegt, der kleiner als die Anzahl der Input-Variablen ist. An jedem Knoten wird nur eine zufällig ausgewählte Teilmenge der Input-Variablen der Größe m verwendet.

Jeder Baum wird in der größten Ausbaustufe ausgebaut. Er wird nicht durch Pruning beschnitten. Der Random-Forest-Algorithmus ist schnell, weil er gut parallelisierbar ist. Die einzelnen Bäume sind unabhängig voneinander; sie können also gleichzeitig erzeugt werden, wenn genügend Prozessoren zur Verfügung stehen.

3.1 Fragen über Fragen: Lernen ist komplex

Eine gute Vorhersage oder Klassifikation zu erhalten, ist nicht einfach. Zuerst stellt sich eine Reihe von Fragen, die der Data Scientist anhand seines Wissens und seiner Erfahrung beantworten muss. Dabei gibt es nicht immer klare Antworten, sondern der Data Scientist muss experimentieren oder nachforschen, ob eine ähnliche Fragestellung schon untersucht wurde. Das gilt insbesondere bei der Verwendung von neuronalen Netzen, da viele Anwendungen noch Neuland sind. Auf der anderen Seite sind im maschinellen Lernen auch viele schon lange bekannte statistische Verfahren im Einsatz, z. B. die lineare Regression. Aber auch wenn Funktionsweise und Parameter akademisch sehr tief gehend untersucht wurden, ist die Anwendung der Verfahren auf reale Probleme immer wieder eine Herausforderung.

3.1.1 Präzisierung des Problems

Zunächst muss definiert sein, was genau mittels maschinellen Lernens gemacht werden soll. Zu Beginn steht meist nur eine vage Idee, die der Präzisierung bedarf.

Die grobe Richtung ist zum Beispiel, dass die Handysoftware ein Feature haben soll, dass die Fotos automatisch in verschiedene Alben bzw. Gruppen einsortiert. Wir brauchen also einen Algorithmus, der die Fotos automatisch in verschiedene Sammlungen einsortiert. Es stellt sich die Frage, welche Arten von Sammlungen sinnvoll sind. Es ist ein Unterschied, ob der Algorithmus nur erkennen muss, ob ich selbst auf den Fotos bin, oder ob er verschiedene Gesichter erkennen soll, um vielleicht jeweils Alben der fünf häufigsten Personen auf den Fotos anzulegen. Ist es erforderlich, dass der Algorithmus auch Objekte erkennt? Eher nützlich ist das Unterteilen von Landschafts- und Gebäudeaufnahmen als das Erkennen einer Uhr im Bild. Falls es aber ein Programm für einen Produkt- und nicht für den Freizeitfotografen sein soll, dann wäre vermutlich die Objekterkennung ein wichtiges Feature.

Die Idee von selbstfahrenden Autos ist fantastisch, benötigt aber konkrete Aufgabenstellungen, die gelöst werden können. So könnten verschiedene Szenarien wie Einparken, Stadtfahrten und Autobahnfahrten getrennt voneinander angegangen werden. Das Einparken wiederum unterteilt sich in paralleles und schräges Einparken sowie Einparken im rechten Winkel. Neben dem Einparkvorgang an sich wäre also das Erkennen, um welchen Parkplatz-Typ es sich handelt, eine Aufgabenstellung. Auch die autonome Autobahnfahrt kann in Teilprobleme zerlegt werden. Hier könnte eine Unterteilung in verschiedene Verkehrsszenarien oder auch in Aufgabenbereiche des Fahrens gemacht werden, z. B. das Spurhalten oder Geschwindigkeitsanpassungen.

Das Meistern von Teilproblemen kann man sehr schön bei den Assistenzsystemen im Auto beobachten. Diese sind alle auf eine beherrschbare, spezielle Aufgabe zugeschnitten. Ein Bereich sind die Stabilisierung mit schon länger bekannten Systemen wie dem Antiblockiersystem ABS zum effizienten Bremsen, der Antischlupfregelung ASR oder der elektronischen Stabilitätskontrolle ESP, welche das Ausbrechen des Fahrzeugs verhindert. Es gibt viele solcher spezialisierten Helfer und es werden immer mehr: Lichtautomatik, Klimaautomatik, Berganfahrhilfe, Scheibenwischerautomatik usw. Die Bandbreite reicht von Komfortsystemen über Warnsysteme bis zu autonomen Systemen, die aktiv eingreifen, z. B. Notbremsassistenten.

> **Divide et impera – Das Prinzip „teile und herrsche" in der Informatik**
>   Zerlege das Problem so lange in kleinere Teilprobleme, bis diese beherrschbar sind.

3.1.2 Künstliches Wissen entsteht aus Daten

Je genauer die Vorstellungen im Vorfeld sind, desto besser kann man abschätzen, was getan werden muss und welche Daten dafür notwendig sind. Fast jeder Machine-Learning-Algorithmus braucht einen Datensatz, an dem er lernt. Ausnahme bildet das bestärkende Lernen, bei dem durch Handlungen und folgende Belohnung oder Bestrafung gelernt wird (Abschn. 3.4). Für diese Art des Trainings benötigt man eine Simulation, in der der Algorithmus handeln kann.

Das Bereitstellen eines geeigneten Datensatzes ist durchaus kritisch. Es ist meist aufwendig, genügend viele Daten zu sammeln. Gerade neuronale Netze mit ihren vielen Parametern benötigen riesige Trainingsdatensätze. Sollen Objekte auf Bildern erkannt werden, braucht man also Millionen von Bildern mit entsprechenden Beschriftungen, welche Objekte auf den Bildern sind. Diese Beschriftung muss manuell gemacht werden. Geht es dagegen um Kreditkartenbetrug, dann bilden eine Vielzahl von Überweisungen den Datensatz. Dieser ist von einer Bank leicht zu erstellen, da sämtliche Daten schon in elektronischer Form vorliegen.

Neben der Größe des Datensatzes ist auch die Qualität entscheidend, denn ein Algorithmus kann nur Zusammenhänge lernen, die in dem Trainingsdatensatz vorhanden sind. Wurde zum Beispiel in einem Datensatz, der aus Röntgenbildern besteht, die zu erkennende Lungenentzündung nicht immer korrekt markiert, dann kann der Algorithmus das nicht ausgleichen. Woher soll er wissen, was richtig ist? Er hat nur den Datensatz zur Verfügung. Eine gewisse Toleranz gegenüber Fehlern und Ausreißern ist natürlich vorhanden, aber wenn die Fehlerrate zu hoch ist, wird der Algorithmus nicht gut funktionieren. Zudem ist wichtig, dass die Daten nicht verzerrt sind, also zum Beispiel bei einem Trainingsdatensatz zur Gesichtserkennung nicht überwiegend Bilder von weißen Männern vorhanden sind. Solche meist unbedachten Verzerrungen wirken sich zum Teil deutlich auf die Qualität der Algorithmen aus und sorgen immer wieder für Diskussionen (Abschn. 4.3).

> Quantität und Qualität des Trainingsdatensatzes sind entscheidend für die Funktion des Machine-Learning-Algorithmus. Dieser kann nur die Muster lernen, die in den Daten vorhanden sind.

3.1.3 Statistische Fragen

Ist das Problem halbwegs definiert oder hat man im Glücksfall sogar schon eine konkrete Aufgabenstellung, kann man sich über die Übersetzung in die Mathematik Gedanken zu machen. Die Daten sollen ja durch den Computer analysiert werden. Grundvoraussetzung dafür ist es, dass der Computer die Aufgabenstellung versteht.

Im folgenden Beispiel soll es um die Verbesserung der Konversionsrate (*conversion rate*) für eine Newsletter-Anmeldung gehen. Unser Unternehmen hat eine spezielle Webseite, die dafür da ist, Besucher dazu zu bringen, ihre E-Mail-Adresse zu hinterlassen. Dafür gibt es eine kleine

Gegenleistung, zum Beispiel Fallstudien zum Einsatz von Machine Learning in Unternehmen. Hat man es geschafft, dass jemand die Unternehmens-Webseite besucht, etwas durch Werbung in den sozialen Medien, dann möchte man in der Regel, dass der Besucher seine E-Mail-Adresse hinterlässt. Es könnte sich um einen potenziellen Käufer unserer Produkte oder Dienstleistungen handeln. Wurde der Besuch durch Werbung verursacht, dann kostet jeder Besuch Geld. Dementsprechend ist die grundsätzliche Fragestellung, wie die Konversionsrate – also die Quote derjenigen, die ihre E-Mail hinterlassen, bezogen auf alle Website-Besucher – erhöht werden kann. Dazu probiert man in der Regel verschiedene Versionen der Website aus. So ist in der einen Version vielleicht der Senden-Knopf rot und in der anderen Version grün. Oder der Text auf dem Button lautet einmal „Jetzt herunterladen" und in der anderen Version „Kostenlose Fallstudie". Man nimmt jeweils die Version, bei der die Quote höher ist. Dieses Verfahren nennt man A/B-Test oder auch Split-Test.

Wie übersetzt man nun diesen Website-Vergleich in die mathematische Sprache? Gehen wir zunächst von zwei verschiedenen Versionen A und B aus. Außerdem benötigen wir eine Stichprobe, die groß genug ist. Haben wir nur 10 Besucher auf Seite A, von denen einer seine E-Mail hinterlässt und 11 Besucher auf Seite B, von denen zwei das Formular ausfüllen, dann genügt das nicht, um eine Aussage zu machen. Der Zufall spielt eine zu große Rolle. Haben wir aber jeweils 500 Besucher und auf Variante A eine Konversion von 10 %, also 50 neue Newsletter-Abonnenten, und auf Variante B eine Konversion von 15 %, also 75 neue Abonnenten, dann ist der Unterschied deutlicher. Könnte es aber vielleicht immer noch Zufall sein? Für solche Fragestellungen sind Hypothesentests da. Hypothesentests sind schon seit dem Jahr 1908 bekannt und gehören zur klassischen Statistik.

Die Frage ist also, ob Version B eine statistisch signifikant höhere Konversionsrate hat als Version A. Da es für jeden Besucher nur zwei Ausgänge gibt – er abonniert den Newsletter oder eben nicht –, wendet man in diesem Fall den sogenannten exakten Test nach Fisher an. Wir stellen dazu die Nullhypothese H_0 und die Gegenhypothese H_A auf:

H_0: A hat eine höhere Konversionsrate als B
H_A: B hat eine höhere Konversionsrate als A

Der Test gibt nun die Wahrscheinlichkeit zurück, die Stichprobe zu beobachten, und zwar unter der Annahme, dass H_0 richtig ist. Ist das sehr unwahrscheinlich, wird H_0 abgelehnt und damit die Alternative H_A für wahr gehalten. Das heißt leider nicht, dass die Nullhypothese falsch ist, sondern nur, dass die beobachteten Daten unwahrscheinlich wären, wenn H_0 wahr ist. Diese Wahrscheinlichkeit heißt p-Wert. Häufig wählt man als Signifikanz-Grenze 5 % ($p = 0,05$) oder besser 1 %. Liegt der p-Wert darunter, lehnt man die Nullhypothese ab und erachtet die Alternative H_A als richtig. Würde man ein Experiment mit richtiger Nullhypothese, zum Beispiel dass bei einem Münzwurf Wappen und Zahl gleich wahrscheinlich sind, häufig genug wiederholen, dann würde in einigen Fällen ein seltsames Ergebnis auftauchen, nämlich viel häufiger Zahl als Wappen. Wählen wir als Signifikanz-Grenze 5 %, dann würde der Test in 5 % der Wiederholungen die eigentlich korrekte Nullhypothese, dass Wappen und Zahl gleich wahrscheinlich sind, ablehnen. In der Realität können wir eine Beobachtung leider nicht beliebig oft wiederholen, sondern haben nur einen Versuch.

Für das Beispiel mit den beiden Webseiten bauen wir zuerst eine Kontingenztabelle (Tab. 3.2):

Diese Tabelle kippen wir nun in den Fisher-Test ein, der als Ergebnis einen p-Wert von 0,01073 berechnet. Da

Tab. 3.2 Kontigenztabelle eines A/B-Tests

	Variante A	Variante B
Konvertiert	50	75
Konvertiert nicht	450	425

0,01 kleiner als die gewählte Signifikanz-Grenze von 5 % (= 0,05) ist, wird die Nullhypothese verworfen, d. h., B hat eine statistisch signifikant höhere Konversionsrate als A. Hätten wir eine Signifikanz-Grenze von 1 % = 0,01 gewählt, dann hätte die Nullhypothese noch nicht verworfen werden können und wir bräuchten eine größere Anzahl an Beobachtungen. Aber Achtung: Wir können nicht einfach immer und immer wieder testen. Denn je mehr Tests man durchführt, desto wahrscheinlicher wird es, dass dieser einmal fälschlicherweise die Nullhypothese ablehnt.

Aus einer realen Fragestellung ist so ein durch Statistik lösbares Problem geworden. Der Computer steuert, wem welche Seitenvariante angezeigt wird, führt den Hypothesentest automatisch durch und liefert uns das Ergebnis.

Heutzutage führen Unternehmen wie Microsoft, Facebook oder Google über 10.000 A/B-Tests jährlich durch, häufig mit Millionen von Nutzern. Obwohl statistische Tests schon lange bekannt sind, hatte erst 2012 ein Angestellter von Microsoft die Idee, A/B-Tests für die Suchmaschine Bing zu verwenden. Diese Idee, auch wenn sie nicht aufwendig umzusetzen gewesen wäre, lag sogar erst einmal brach. Bis der Angestellte sie doch noch implementierte und damit zeigen konnte, dass durch eine Änderung des Titels der Umsatz um 12 % gesteigert wurde, was über 100 Millionen US-Dollar pro Jahr entsprach.

Betrachtet man den Prozess der Übersetzung eines Problems in mathematisch-algorithmische Sprache, dann muss man sich über folgende Punkte Gedanken machen:

Wahl des Algorithmus
Welches Modell bzw. Verfahren ist geeignet? Es gibt verschiede Algorithmen, von ganz einfachen bis zu hochkomplexen. Lohnt sich der Aufwand für ein komplizierteres Verfahren oder ist es vielleicht nur ein klein wenig besser als ein einfaches? Muss der Nutzer das Verfahren nachvollziehen können oder darf es eine Blackbox sein?

Wahl der Variablen
Welche Variablen sollten für die Vorhersage verwendet werden? In der Realität gibt es Hunderte von Variablen, die einen Einfluss haben könnten. Welche davon tragen zur Lösung des Problems bei? Messen wir diese überhaupt schon? Zu wenige Variablen liefern keine gute Vorhersage, zu viele Variablen hingegen führen zu vielen Parametern und damit zum sogenannten Overfitting, also dem Überanpassen an den Trainingsdatensatz. Dann besitzt der Algorithmus keine Verallgemeinerungskraft mehr.

Güte des Modells
Wie gut funktioniert das Modell? Wie misst man überhaupt die Güte des verwendeten Modells? Können Messfehler und Ausreißer durch geeignete Verfahren herausgefiltert werden?

3.1.4 Technische Fragestellungen

Neben den inhaltlichen und statistischen Fragestellungen sollten die technischen Fragen nicht vernachlässigt werden. Es sind viele Entscheidungen zu treffen, damit am Ende alles funktioniert. Hat man sich erst einmal für ein System entschieden, ist ein späterer Wechsel häufig nur mit hohem Aufwand möglich.

Wie kommt der Rechner an die benötigten Daten?
Ein Machine-Learning-Algorithmus hat zwei Zustände: Entweder befindet er sich in einer Lernphase, d. h., der Algorithmus wird mit Trainingsdaten gefüttert, anhand derer er seine Parameter einstellt; oder er ist im Betriebsmodus, d. h. dem Algorithmus werden neue Daten vorgesetzt und er gibt einen Output zurück. Wie wir zu Beginn des Kapitels schon gesehen haben, kann der Output zum Beispiel eine Zahl (die Eismenge) sein oder bei einem Klassifikationsalgorithmus die Wahrscheinlichkeiten für die einzelnen Klassen.

Es müssen also zwei Wege definiert werden: Wie kommt der Rechner an die Trainingsdaten und wie kommt der Rechner an die Produktiv-Daten? Meist sind die Trainingsdaten in diesem Zusammenhang das kleinere Problem, wenn diese nämlich schon in brauchbarer Form vorhanden sind. Der Zusatz ist entscheidend, denn der eigentliche Aufwand liegt im Erstellen eines sauberen, ausgeglichenen Datensatzes. Gibt es diesen, dann reichen meist eine oder mehrere Dateien oder Datenbanken, in denen die Trainingsdaten liegen.

Im Produktiv-Betrieb kommen die Daten meist von anderen Systemen, die mit entsprechenden Schnittstellen (API = application programming interface) ausgestattet sind. In dem Eismengen-Beispiel war der Input die Wettervorhersage. Es gibt Anbieter, die bei Aufruf einer Webseite diese Daten in maschinenlesbarer Form zurückgeben. Dabei werden in der Internetadresse Parameter wie der Standort übergeben. OpenWeatherMap ist solch ein Anbieter und die Daten können folgendermaßen abgerufen werden:

api.openweathermap.org/data/2.5/forecast?q={city name}&appid={your api key}

api.openweathermap.org/data/2.5/forecast?lat={lat}&lon={lon}&appid={your api key}

In der ersten Adresse wird die Stadt übergeben, in der zweiten die geografischen Koordinaten (Latitude und Longitude). Beide benötigen noch einen API-Schlüssel. Dieser ist quasi das Passwort – dass man auch berechtigt ist, die Daten abzurufen. Einige Services sind kostenpflichtig und auch bei den freien ist eine Kontrolle nötig, damit nicht jemand Tausende Anfragen pro Minute stellt und so das System zu sehr belastet.

Welche Speicher- und Rechenkapazität benötigt das Verfahren?

Das Training ist normalerweise kein zeitkritischer Prozess. Ob es ein paar Minuten oder Stunden länger dauert, ist in vielen Fällen nicht wichtig. Der Trainingsprozess muss nur einmal durchgeführt werden. Danach können zwar noch Updates mit neu gesammelten Daten gemacht werden, aber der Algorithmus muss nicht mehr von Grund auf angelernt werden.

Allerdings ist es sehr rechenintensiv, größere neuronale Netze zu trainieren. Da heutzutage durch die Cloud Rechen-Ressourcen nahezu unbegrenzt zur Verfügung stehen, ist es eher eine Budgetfrage. Rechenleistung zu mieten kostet Geld. Es gibt realistische Schätzungen, dass für das Training von AlphaGo Zero, das Programm, das den Go-Großmeister besiegt hat, Rechenleistung im Wert von 35 Millionen US-Dollar verwendet wurden [2].

Der Produktiv-Betrieb hingegen ist mit verhältnismäßig wenig Rechenaufwand verbunden, dafür aber häufig zeitkritisch. Der Onlineshop, der auf seiner Webseite ein „Kunden kauften auch"-Abschnitt anzeigt, also eine *Recommender Engine* einsetzt, benötigt die Ergebnisse in Sekundenbruchteilen, um den potenziellen Käufer nicht durch eine langsame Internetseite zu verlieren.

Wie kommt der Nutzer an die Ergebnisse?
Im Fall der Recommender Engine ist es klar. Dem Nutzer der Webseite werden Produktbilder und einige weitere Informationen wie Titel oder Preis in einem dafür vorgesehenen Abschnitt angezeigt. Es ist aber sinnvoll, dass die Recommender Engine nur die Produktnummern zurückgibt. Man braucht also noch einen Service, der zu einer Produktnummer die entsprechenden Informationen bereitstellt. Diese Trennung ermöglicht eine Flexibilität, wenn zum Beispiel doch andere Produktdetails angezeigt werden sollen. Die Recommender Engine muss dafür dann nicht verändert werden.

Im Endeffekt ist die Recommender Engine eine Funktion, an die die Kundennummer übergeben wird. Dazu holt sich der Algorithmus die zugehörigen Kauf- und Verhaltensdaten und gibt eine Liste von Produktnummern zurück. Für den Aufruf bietet sich eine URL an, wie wir sie schon bei der Wettervorhersage von OpenWeatherMap gesehen haben.

Wie der Aufruf eines Machine-Learning-Algorithmus und die Weiterverarbeitung der Ergebnisse gestaltet wird, hängt natürlich stark vom Kontext ab, in dem der Algorithmus eingesetzt wird. Die Bandbreite ist riesig. Vielleicht wird eine Prognose zu gewissen Finanzkennzahlen berechnet, welche dann in der jährlichen Planung verwendet wird. Oder der Algorithmus navigiert einen Roboter durch einen Parcours, muss also in Echtzeit Steuerungssignale an die Motoren liefern.

Wie häufig sollte das Modell aktualisiert werden?
Wie wir gesehen haben, kann es enorme Rechenleistung erfordern, einen Algorithmus zu trainieren. Nun gibt es zwei Möglichkeiten. Entweder hat der Algorithmus ausgelernt, wird also nicht mehr verändert. Das ist vor allem

dann der Fall, wenn der Trainingsdatensatz mit großem Aufwand erzeugt wurde oder eine Erweiterung nicht sinnvoll ist. Der Algorithmus, der auf Röntgenbildern Lungenentzündungen erkennt, wird anhand eines sorgfältig ausgewählten Datensatzes trainiert, ausführlich getestet und ist dann einsatzbereit. Natürlich ist auch in diesem Fall ein neues Training sinnvoll, wenn ein größerer, besserer Trainingsdatensatz zur Verfügung steht. Das passiert aber zeitlich gesehen relativ selten, also vielleicht alle sechs Monate.

Anders gelagert ist der Algorithmus, der meine Handybilder automatisch in Alben sortieren soll. Dieser lernt idealerweise anhand meiner eigenen Einordnung ständig dazu und versucht, sein Verhalten daran anzupassen. Ebenso erhält ein Roboterarm Feedback, ob das Greifen erfolgreich war. Es wäre sinnvoll, diese Informationen zur eigenen Verbesserung zu nutzen.

Tatsächlich ist es, sofern technisch möglich, ein Abwägen, ob man den Algorithmus nach einer Trainingsphase einfriert oder dauerhaft weiteres Parametertuning erlaubt. Ersteres hat den Vorteil der größeren Kontrolle. Man kann den Trainingsdatensatz zum Beispiel auf Fehler oder Verzerrungen hin überprüfen. Beim Weiterlernen hingegen muss ein automatischer Prozess Ausreißer oder andere Ausnahmesituationen erkennen, die nicht für die Weiterentwicklung geeignet sind.

Zudem dürfen wir nicht vergessen, dass die meisten Machine-Learning-Algorithmen einen Datensatz benötigen, der um die gewünschten Ergebnisse ergänzt wurde, was in den seltensten Fällen automatisch erfolgen kann. Man teilt die Algorithmen in drei Klassen ein: Überwachtes Lernen, Unüberwachtes Lernen und Bestärkendes Lernen.

3.2   Überwachtes Lernen: Lernen unter Aufsicht

Überwachtes Lernen, auf Englisch *supervised learning* genannt, bezeichnet das Lernen anhand von Beispieldaten, bei denen das zu lernende Ergebnis vorhanden ist. So können wir einem Computer beibringen, zu erkennen, ob auf einem Bild ein Hund abgebildet ist oder nicht. Dazu füttern wir den Algorithmus mit sehr vielen Bildern und – das ist entscheinend – der Information, ob auf diesen Bildern ein Hund ist oder nicht (Abb. 3.7). Man spricht im Englischen von *labeled training data*, also einem gekennzeichneten Trainingsdatensatz.

Nehmen wir an, die Bilder liegen alle im gleichen Format vor bzw. werden in einem vorherigen Schritt auf das gleiche Format gebracht. Wir benutzen dabei nur eine geringe Auflösung von 256 × 256 Pixeln pro Bild. Diese grobe Auflösung hat den Grund, dass wir sonst zu viele Input-Parameter benötigen würden.

Abb. 3.7 Bilderdatensatz mit Label Hund bzw. Kein Hund

Ein Bild kann entweder als Rastergrafik oder als Vektor-grafik digital gespeichert werden. Eine Rastergrafik besteht beispielsweise aus 3000 × 2000 Punkten. Jedem dieser Punkte ist eine Farbe zugeordnet. Diese Farbe besteht nor-malerweise aus drei Helligkeitswerten, einem für Rot, ei-nem für Grün und einem für Blau. Bei einem 8-Bit-Bild gibt es 256 Ausprägungen dieser Werte, von 0 = schwarz bis 255 = maximale Helligkeit. (0,0,0) entspricht also Schwarz, (255,255,255) entspricht Weiß, (255,0,0) ist ein grelles Rot und (255,255,0) ist ein strahlendes Gelb.

Für Bilder der Auflösung 3000 × 2000 Punkte haben wir also 3000 × 2000 × 3 = 18 Mio. Werte. Das reduzierte Bild besteht aus nur noch 256 × 256 × 3 = 196.608 Werten zwi-schen 0 und 255.

Unsere Hundebild-Erkennung können wir so formulie-ren, dass das Programm als Input ein Bild in Form von knapp 200.000 Werten erhält und als Output 1 (= Ja) oder 0 (= Nein) zurückgibt (Abb. 3.8).

In Abschn. 3.1 haben wir gelernt, dass ein ML-Modell im Prinzip nur aus der Struktur (Berechnungsvorschrift) und Parametern besteht. Durch das Training werden die Parameter so bestimmt, dass möglichst viele Bilder des Trai-ningsdatensatzes korrekt einsortiert werden.

Man spricht übrigens von einem **binären Klassifikati-onsproblem**. Es ist ein Klassifikationsproblem, weil wir als Output eine Einteilung in Klassen haben möchten. Dabei bedeutet binär (von lateinisch *bina*: doppelt, paarweise),

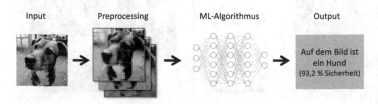

Abb. 3.8   Hundebilderkennung: Vom Input zum Output

dass es zwei Möglichkeiten (Hund im Bild, Hund nicht im Bild) gibt. Das Gegenstück dazu ist ein **Regressionsproblem**, bei dem ein kontinuierlicher (reeller) Wert bestimmt werden soll.

Es gibt vier Möglichkeiten, wie die Realität und der Algorithmus variieren:

- Hund ist im Bild, Algorithmus sagt ebenfalls ja (**richtig positiv**)
- Hund ist nicht im Bild, Algorithmus sagt ebenfalls nein (**richtig negativ**)
- Hund ist im Bild, Algorithmus sagt aber nein (**falsch negativ**)
- Hund ist nicht im Bild, Algorithmus sagt aber ja (**falsch positiv**)

Haben wir nun die Trainingsbilder auf den Algorithmus losgelassen, können wir eine sogenannte **Vierfelder-Tafel** befüllen, die einfach nur zählt, wie häufig die vier Möglichkeiten vorkommen (Tab. 3.3.)

Idealerweise haben wir nur Einträge auf der Diagonalen, also keine Falsch-positiv- oder Falsch-negativ-Einträge. In der Praxis wird das aber natürlich nicht so sein. Daher bestimmt man die **Treffergenauigkeit** (engl. *accuracy*):

$$\text{Treffergenauigkeit} = \frac{\text{richtig positiv} + \text{richtig negativ}}{n}$$

$$= \frac{23 + 65}{100} = \frac{88}{100} = 88\%$$

Tab. 3.3 Vierfelder-Tafel

	Hund im Bild	Hund nicht im Bild
Algorithmus sagt ja	23 (richtig positiv)	4 (falsch positiv)
Algorithmus sagt nein	8 (falsch negativ)	65 (richtig negativ)

Es gibt Situationen, bei denen es einen großen Unterschied macht, ob die Einordnung in die tatsächlich positiven oder negativen Treffer falsch ist. Man denke an einen medizinischen Diagnosetest. Es ist wesentlich wichtiger, dass der Test korrekt ist, wenn die Person wirklich erkrankt ist, als wenn die Person nicht krank ist. Auf der anderen Seite kann eine falsche Diagnose zu falscher Behandlung führen, daher werden im Gesundheitssystem meist weitere Tests gemacht, um sicherzugehen.

Die **Sensitivität** (engl. *recall, sensitivity*) entspricht der Richtig-positiv-Rate, also die korrekte Einordnung des Algorithmus bezüglich der tatsächlich zu der Klasse gehörenden Objekten. In unserem Beispiel ist das also die Rate der korrekt einsortierten Bilder, auf denen ein Hund gezeigt wird.

$$\text{Sensitivität} = \frac{\text{richtig positiv}}{\text{richtig positiv} + \text{falsch negativ}}$$

$$= \frac{23}{23+8} = \frac{23}{31} \approx 74,2\%$$

Die **Spezifität** (engl. *specificity*) hingegen entspricht der Richtig-negativ-Rate, also dem Anteil der korrekt klassifizierten Bilder, wenn in der Realität die Objekte nicht zu der Klasse gehören. In dem Hundebeispiel wäre das also der Anteil der Bilder, auf denen kein Hund zu sehen ist und der Algorithmus nein sagt.

$$\text{Spezifität} = \frac{\text{richtig negativ}}{\text{richtig negativ} + \text{falsch positiv}}$$

$$= \frac{65}{65+4} \approx 94,2\%$$

Diese beiden Werte erhält man aus der ersten bzw. zweiten Spalte der Vierfeldertafel. Jetzt kann man sich auch die Zeilen ansehen.

Die **Wirksamkeit** (engl. *precision*) ist der Anteil der korrekt als positiv klassifizierten Objekte bezogen auf alle als positiv klassifizierten Objekte.

$$\text{Wirksamkeit} = \frac{\text{richtig positiv}}{\text{richtig positiv} + \text{falsch positiv}}$$

$$= \frac{23}{23 + 4} \approx 85,2\,\%$$

Die **Trennfähigkeit** (engl. *negative predictive value*) ist der Anteil der korrekt als negativ klassifizierten Objekte bezogen auf alle als negativ klassifizierten Objekte.

$$\text{Trennfähigkeit} = \frac{\text{richtig negativ}}{\text{richtig negativ} + \text{falsch negativ}}$$

$$= \frac{65}{65 + 8} \approx 89,0\,\%$$

Das Gleiche könnte man nun auch noch mit falsch-positiv oder falsch-negativ im Zähler machen und vier weitere Zahlen erhalten. Prinzipiell ist es immer ein Abwägen, was der Test leisten soll. Im Extremfall sagt der Algorithmus immer ja, er erkennt einen Hund. Dann wäre die Sensitivität 100 %, da es keine falsch negativen Einordnungen gibt. Dafür beträgt aber die Spezifität 0 %, denn es gibt keine richtig negativen Einordnungen. Im anderen Extremfall, wenn also der Algorithmus immer nein sagt, betrüge die Sensitivität 0 % und die Spezifität 100 %. Ziel ist es, eine gesunde Mischung zu finden.

Um eben das zu erreichen und neben der Treffergenauigkeit nicht zu viele andere Kennzahlen zu verwenden, wird
im maschinellen Lernen häufig das **F$_1$-Maß** (oder engl. F$_1$-
score) angegeben, welches das harmonische Mittel aus Sensitivität und Wirksamkeit ist und ebenfalls zwischen 0 und
1 liegt (Abb. 3.9).

$$F_1 = \cfrac{2}{\cfrac{1}{\text{Sensitivität}} + \cfrac{1}{\text{Wirksamkeit}}}$$

$$= 2 * \frac{\text{Sensitivität} * \text{Wirksamkeit}}{\text{Sensitivität} + \text{Wirksamkeit}}$$

$$= 2 * \frac{0,742 * 0,852}{0,742 + 0,852} \approx 0,793$$

Obwohl weit verbreitet, gibt es Kritik am F1-Maß, denn
es verwendet nur die zwei Aspekte Sensitivität und Wirk-

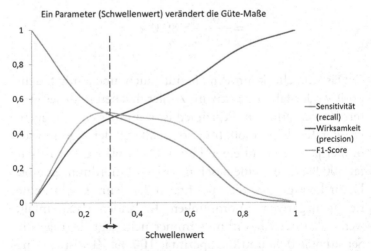

Abb. 3.9   Sensitivität, Wirksamkeit und F$_1$-Maß

samkeit. Insbesondere bei nichtsymmetrischen Datensätzen, also wenn eine Klasse deutlich häufiger vorkommt als die andere, überschätzt das F_1-Maß die Qualität des Klassifikationsalgorithmus. Besser geeignet ist zum Beispiel der *Mathewsche Korrelationskoeffizient* (MCC), der alle vier Felder einbezieht [3].

Eine Ungleichverteilung der beiden Klassen ist eigentlich der Normalfall. Bei Krankheiten ist nur ein Bruchteil der Personen betroffen. Auch bei der Betrugserkennung im Finanzwesen ist der Betrug die Ausnahme. Das führt dazu, dass trotz relativ guter Tests viele Fälle falsch klassifiziert werden. Bei Krankheiten ist das besonders dramatisch.

Brustkrebs die häufigste Krebserkrankung bei Frauen. 2016 gab es 68.950 Neuerkrankungen, was altersstandardisiert 0,11 % entspricht, also ca. 1 von 1000 Frauen betrifft [4]. Altersstandardisierung bedeutet, dass die Erkrankungsrate von der Altersstruktur der Stichprobe auf die Altersstruktur der Bevölkerung umgerechnet wurde. Das Brustkrebsrisiko erhöht sich mit dem Alter deutlich, bei den 50- bis 69-Jährigen liegt die Quote schon bei 0,28 % [5].

Wie gut sind die verwendeten Testverfahren? Studien zeigen, dass bei Tastuntersuchungen die Sensitivität um die 54 bis 59 % und die Spezifität um 94 % liegt [6]. Durch Mammografien wird vor allem die Sensitivität erhöht und liegt je nach Alter zwischen 77 % und 95 %, die Spezifität erreicht 96 %.

Anhand dieser Zahlen können wir die Vierfelder-Tafeln rekonstruieren (Tab. 3.4).

Tab. 3.4 Tastdiagnose mit n = 100.000, Sensitivität 59 %, Spezifität 94 %

	Brustkrebs	kein Brustkrebs
Tastdiagnose ja	65	5993
Tastdiagnose nein	45	93.897
Gesamt	110	99.890

Wir sehen, dass von den 110 Frauen mit Brustkrebs 65 per Abtasten korrekt diagnostiziert würden, bei 45 würde die Tastdiagnose falsch sein. Zudem würden knapp 6000 Frauen fälschlicherweise als krank eingestuft.

Wie sieht es bei der Mammografie aus? (Tab. 3.5)

Durch die deutlich höhere Sensitivität sinkt das Risiko, dass der Test den Brustkrebs übersieht, auf 16 Frauen. Mit der 2 % höheren Spezifität erhalten noch 4000 Frauen fälschlicherweise eine Krebsdiagnose. Das ist immer noch eine erschreckend große Zahl. Anders betrachtet: Unter der Annahme, dass das Mammografieergebnis positiv ist, beträgt die Wahrscheinlichkeit, tatsächlich Brustkrebs zu haben, nur $94/(94 + 3996) = 2$ %. Wie sich jeder leicht vorstellen kann, kann eine solche Diagnose eine erhebliche seelische Belastung sein, die auch noch Jahre danach besteht [7]. Daher wird versucht, die Tests durch andere Methoden wie MRT und ein Vorscreening durch Risikofaktoren weiter zu verbessern.

Mathematisch betrachtet kommt das Resultat durch den extremen Unterschied in der Größe der beiden Gruppen (110 zu 99.890) zustande.

Die wichtigsten Güte-Kennzahlen für Klassifikationsalgorithmen sind

Treffergenauigkeit (accuracy) = Anteil der korrekt klassifizierten Objekte
Sensitivität (recall) = Anteil der korrekt als positiv klassifizierten Objekte an allen positiven Objekten
Wirksamkeit (precision) = Anteil der positiven Objekte an allen positiv klassifizierten Objekten
F1-Score = (harmonisches) Mittel aus Sensitivität und Wirksamkeit

Tab. 3.5 Mammografie mit n = 100.000, Sensitivität 85 %, Spezifität 96 %

	Brustkrebs	Kein Brustkrebs
Mammografiediagnose ja	94	3996
Mammografiediagnose nein	16	95.894
Gesamt	110	99.890

3.3 Unüberwachtes Lernen: Lernen ohne Vorbild

Unüberwachtes Lernen (engl. *unsupervised learning*) ist etwas weniger greifbar als überwachtes Lernen. Wichtigster Unterschied ist, dass der Trainingsdatensatz keine Labels haben muss. Es geht darum, Strukturen oder Muster in diesem Datensatz zu finden, ohne dass das Ergebnis genau definiert ist.

Ein typisches Beispiel für unüberwachtes Lernen ist **Clustering** bzw. Clusteranalyse. Diese Algorithmen-Klasse versucht, Datenpunkte in Gruppen einzuteilen, wobei die Punkte einer Gruppe ähnliche Eigenschaften haben. Zum Beispiel möchte eine Supermarktkette ihre Kunden anhand des Kaufverhaltens in verschiedene Kundentypen aufteilen. Im Gegensatz zum überwachten Lernen werden die Kunden nicht zuerst in „plausible" Gruppen (z. B. „häufig und preisbewusst") einsortiert, sondern der Clustering-Algorithmus bildet ohne Vorannahmen eigenständig Gruppen. Erst im Nachhinein kann versucht werden, eine Interpretation der Gruppen zu finden (Abb. 3.10).

Ein weiteres populäres Verfahren, welches dem unüberwachten Lernen zugeordnet wird, ist die **Hauptkomponentenanalyse** (engl. *principal component analysis*, PCA). Dieser Algorithmus gehört zum Standardwerkzeug eines Statistikers und wurde 1901 von Karls Pearson entwickelt. Die PCA ist sehr nützlich, denn sie hilft, die Anzahl der Attribute zu verringern und übergeordnete Konzepte zu

ID	Frequenz/ Woche	Ø Warenkorb-größe	Ø Warenkorb in €	Anteil Bio	Anteil Discount	Anteil Gourmet	Windeln
1	1	12.43	20.12 €	2.1 %	58.4 %	4.8 %	nein
2	2	7.89	19.65 €	20.2 %	14.7 %	9.5 %	ja
3	1.1	30.11	74.97 €	14.2 %	23.8 %	15.9 %	ja
4	1.4	22.75	33.90 €	3.8 %	77.3 %	3.2 %	nein
5	3	5.38	13.40 €	1.6 %	35.5 %	8.4 %	nein
6	2.2	17.63	43.90 €	19.5 %	16.2 %	11.1 %	ja
7	1.9	15.44	38.45 €	4.4 %	21.9 %	1.4 %	nein
8	1.7	9.91	24.68 €	2.8 %	22.6 %	12.3 %	nein

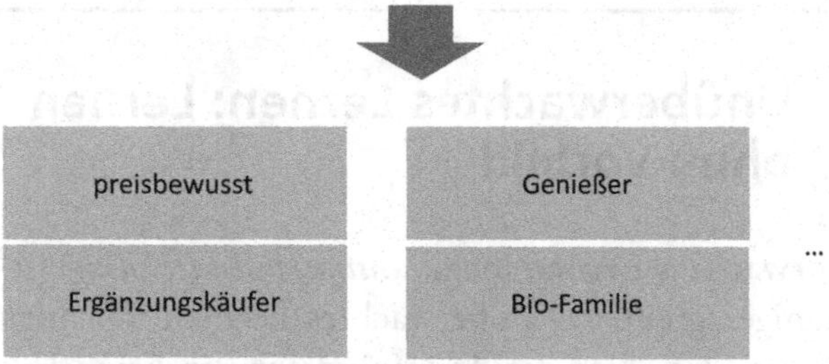

preisbewusst   Genießer

Ergänzungskäufer   Bio-Familie

...

Abb. 3.10 Clustering von Supermarktkunden

finden. Das Grundprinzip besteht darin, aus Linearkombinationen der bestehenden Attribute neue Attribute zu bilden, die Hauptkomponenten genannt werden. Linearkombination bedeutet so viel wie gewichtete Summe, d. h., jedes Attribut wird mit einem Koeffizienten multipliziert und dann wird die Summe gebildet. Diese neuen Attribute werden so gebildet und sortiert, dass jede Hauptkomponente schon einen Großteil der Streuung erklärt. Ist das so, dann kann man sich auf die ersten Hauptkomponenten konzentrieren und die anderen weglassen.

Nehmen wir an, es gibt eine Befragung bezüglich Ernährung, bei der der Verzehr von 15 Lebensmittelklassen abgefragt wird. Durch die PCA könnten die Lebensmittelklassen z. B. zu übergeordneten Ess-Typen wie „Überwiegend Selbstgekochtes" oder „Der Snack-Typ" zusammengefasst werden.

Ein drittes Beispiel für ein ML-Verfahren ist die **Anomalie-Detektion**, also die Ausreißer-Erkennung. Dabei gibt es überwachte und unüberwachte Varianten. Bei den überwachten Varianten hat man einen Trainingsdaten-

satz mit den Zuordnungen „normal" und „nicht normal",
also handelt es sich um ein binäres Klassifikationsproblem.
Bei den unüberwachten Varianten nimmt man an, dass die
Mehrheit der Daten „normal" ist. Dann wird geschaut,
welche Daten am wenigsten passen, also Ausreißer sind.
Die Anomalie-Detektion wird zum Beispiel in Banken zur
Betrugserkennung verwendet. Wie das im Detail funktio-
niert, beschreibe ich in Abschn. 7.7.

Überwachtes Lernen ist deutlich populärer als unüberwachtes Lernen. Das mag daran liegen, dass unüberwachtes
Lernen indirekter ist. Man gibt nicht vor, was richtig oder
falsch ist, sondern lässt den Algorithmus Strukturen in den
Daten erkennen. Das ist gleichzeitig ein großer Vorteil,
denn man benötigt für unüberwachtes Lernen keinen gelabelten Datensatz. Diesen zu erstellen ist nämlich aufwendig, da fast immer mit menschlicher Arbeit verbunden.
Gleichzeitig besteht immer die Gefahr, dass der Datensatz
nicht repräsentativ ist (Abschn. 4.3). Neuronale Netze benötigen sehr große gelabelte Datensätze, um ihre vielen
Parameter gut einzustellen. Allerdings sind es gerade die
neuronalen Netze, die in letzter Zeit für die Fortschritte im
maschinellen Lernen verantwortlich sind.

Erfolgversprechend ist das Zusammenspiel von unüberwachten und überwachten Algorithmen. Zuerst werden
mittels unüberwachter Methoden die Anzahl der Attribute
reduziert und Ausreißer aussortiert. Anschließend wird
mittels überwachter Methoden die eigentliche Klassifikation oder Regression durchgeführt.

3.3.1 Der k-Means-Algorithmus

Der **k-Means-Algorithmus** ist ein beliebter und recht einfacher Clustering-Algorithmus, welcher zur Klasse der unüberwachten Algorithmen gehört. Er versucht, Daten-

punkte in Gruppen einzuteilen, welche aus möglichst ähnlichen Elementen bestehen sollen. Dazu wird die Anzahl der Gruppen, nämlich k, vorgegeben. Die Idee hinter dem k-Means-Algorithmus ist es, die Datenpunkte so in k Gruppen einzuteilen, dass die Summe aller Abstände zwischen dem Datenpunkt und dem Gruppen-Mittelpunkt minimiert wird (Abb. 3.11). Präziser gesagt nimmt man, wie so häufig in statistischen Verfahren, den quadrierten Abstand.

k-Means geht iterativ vor, d. h., die folgenden Schritte werden so lange wiederholt, bis sich die Zuordnung der Punkte zu einer Gruppe nicht mehr ändern. Es gibt mehrere Varianten des k-Means-Algorithmus; hier die einzelnen Schritte in der gebräuchlichsten Version (Abb. 3.12).

Die Anzahl k der Gruppen muss vorher gewählt werden. Wie kommt man an die optimale Anzahl? Im Wesentlichen werden einfach verschiedene k ausprobiert und dann wird anhand von Gütekriterien das beste k bestimmt. Ein Gütekriterium ist der Silhouettenkoeffizient. Dazu wird für jeden Datenpunkt berechnet, wie gut er zu einer Gruppe

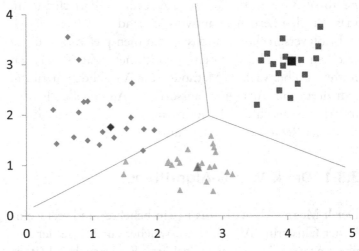

Abb. 3.11 Der k-Means-Algorithmus

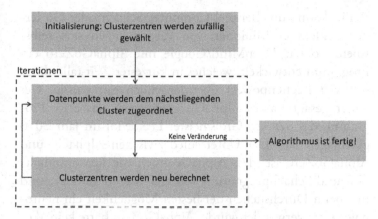

Abb. 3.12 Iteratives Vorgehen des k-Means-Algorithmus

passt im Vergleich mit den anderen Gruppen. Dieser Wert liegt zwischen -1 und 1, wobei 1 perfekte Gruppenzugehörigkeit bedeutet. Ein negativer oder niedriger Wert deutet darauf hin, dass der Datenpunkt noch nicht gut einsortiert ist. Anschließend wird der Durchschnitt über alle Datenpunkte genommen. Nun kann man sich für die Anzahl k von Gruppen entscheiden, für die der Silhouettenkoeffizient am größten ist.

3.4 Bestärkendes Lernen: Die Erfahrung macht's

In vielen Situationen der realen Welt gibt es keine optimale Strategie, um eine Aufgabe zu erledigen. Zudem sind Wechselwirkungen mit der Umwelt zu beachten. In solchen Situationen greift man auf die Methode des **bestärkenden Lernens** (engl. *reinforcement learning*) zurück. Bestärkend deshalb, weil erfolgreiches Handeln gefördert wird. Bestärkendes Lernen wird als Schlüssel zur allgemeinen künstlichen Intelligenz angesehen.

Ein kann zum Beispiel Computer Schach oder Go lernen, indem er Millionen von Partien gegen sich selbst spielt. So hat DeepMind/Google mit AlphaGoZero ein Programm entwickelt, welches in kürzester Zeit (allerdings mit viel Rechenpower) übermenschlich gut wurde. Genauer gesagt hat es AlphaGo geschlagen, das erste Programm, das den Go-Großmeister Lee Sedol im Jahr 2016 geschlagen hat. Der Unterschied zwischen AlphaGo und AlphaGoZero ist, dass AlphaGo noch wie herkömmliche Go- und Schachprogramme mit viel Wissen gefüttert und nur beim Durchsuchen der besten Möglichkeit ein neuronales Netz verwendet wurde. AlphaGoZero hatte kein Vorwissen außer den Spielregeln und hat nur durch das Spielen gegen sich selbst seine Spielstärke gewonnen [8]. Das Nachfolgeprogramm AlphaZero beherrscht die drei Brettspiele Schach, Go und Shogi.

Allgemein beschreibt man beim bestärkenden Lernen ein Szenario so, dass ein Agent mit seiner Umgebung interagiert, indem er gewisse Aktionen zu einer Zeit t durchführt und Rückmeldung durch die Beobachtung der Umgebung erhält. Zudem gibt es eine Belohnungsfunktion, welche maximiert werden soll (Abb. 3.13). Alternativ kann auch eine Kostenfunktion minimiert werden.

Auch in weiteren virtuellen Umgebungen konnten beachtliche Erfolge erzielt werden. So kann man einem Computer beibringen, alte Atari-Spiele zu spielen. Videos davon kann man sich auf Youtube ansehen. Auch das modernere Computerspiel Dota 2 wurde von dem Unternehmen OpenAI ins Visier genommen. Bei diesem gibt es zwei Varianten. Im Modus 1 gegen 1 treten zwei Spieler gegeneinander an. Im Modus 5 gegen 5 spielen zwei Teams von je fünf Personen um den Sieg. Deutlich komplexer ist natürlich der Teammodus, denn die Spieler sollten eine gemeinsame Taktik verfolgen und müssen sich dementsprechend abstimmen. Das ist aus Sicht des maschinellen Lernens eine

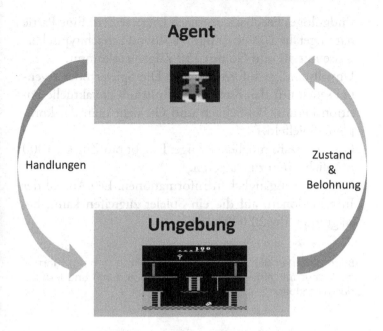

Abb. 3.13 Funktionsweise des bestärkenden Lernens

schwierigere Aufgabe. Dementsprechend war der 1:1-Modus nach ca. einem Jahr Entwicklungsarbeit 2017 so weit fortgeschritten, dass der Algorithmus einen professionellen Spieler schlagen konnte. Der 5:5-Modus sträubte sich, aber Anfang 2019 konnte auch das amtierende Weltmeister-Quintett besiegt werden [9].

Interessant ist, dass auch bei diesem Spiel keinerlei Vorwissen oder Grundtaktiken einprogrammiert wurden. Lediglich durch etliche Stunden simulierte Spielzeit – beim 5:5-Modus entspricht die Trainingszeit ca. 180 Spiel-Jahren – und massiver Rechenleistung wurde der Algorithmus schlauer. Dabei ist das Setting ziemlich herausfordernd, da mehrere Komplexitäten aus der realen Welt vorhanden sind:

- Endgültiges Feedback erst nach längerer Zeit: Eine Partie hat ungefähr 20.000 „Züge", während Schach typischerweise mit 40 und Go mit 150 Zügen auskommt.
- Unvollständige Informationen: Die Spieler oder Agenten sehen nur den Kartenausschnitt um die aktuelle Position herum. Bei Schach und Go sieht man das komplette Spielfeld.
- Große Anzahl möglicher Züge: Es gibt pro Zug ca. 1000 Möglichkeiten zu reagieren.
- Menge an zugänglichen Informationen: Die Anzahl der Informationen, auf die ein Spieler zugreifen kann, beträgt ungefähr 20.000.

> Beim bestärkenden Lernen (Reinforcement Learning) führt ein Agent mit einer Umgebung Aktionen durch und lernt durch Feedback.

3.4.1 Bestärkendes Lernen in der Robotik

Es gibt viele Fortschritte in sehr komplexen Computerspielen, aber für einen Roboter ist es immer noch schwierig, Alltagsaufgaben zu meistern. Das liegt vor allem an dem großen Vorteil der virtuellen Umgebung, da dort viele Durchläufe mit großer Geschwindigkeit und ohne Rücksicht auf Beschädigungen etc. gemacht werden können. Die heutigen Algorithmen brauchen sehr viele Trainingssituationen. In der Realität ist alles viel langsamer, daher sind Millionen von Durchgängen mit Robotern nicht durchführbar.

Daher bildet man mit sogenannten *physics engines* die Realität so realistisch wie möglich nach, um zuerst virtuell zu trainieren. Dann wird der Roboter mit dem Gelernten gefüttert und die Fähigkeiten werden weiter in der Realität verfeinert [10].

3.5 Transfer Learning: Übertragen von Wissen

Das eben beschriebene Verfahren lässt sich verallgemeinern und nennt sich *Transfer Learning*, also das Übertragen von Wissen. Dabei geht es darum, das Wissen, welches der Computer durch Training erworben hat, zu speichern und auf ein verwandtes Problem anzuwenden.

Das ist nicht nur in der Robotik nützlich, sondern hat vielfältige Anwendungen. So konnte ein neuronales Netz, welches anhand der Stimme die Stimmung einer Person erkennt, das Wissen von anderen Netzen nutzen. Interessanterweise kam das Vorwissen aus auf Geräusche wie Vogelgezwitscher spezialisierten Netzen [11]. Das Hauptproblem heutiger Algorithmen ist der Datenhunger. Insbesondere künstliche neuronale Netze benötigen riesige Beispieldatensätze, um trainiert zu werden. Da scheint es ein logischer Ausweg zu sein, bestehendes Wissen in Form von bereits trainierten Netzen zu verwenden. Das menschliche Gehirn ist übrigens beim Lernen dem Computer noch meilenweit überlegen und braucht viel weniger Training.

Große Trainingsdatensätze sind kostenintensiv. Da die meisten Verfahren dem überwachten Lernen zugeordnet werden, benötigen diese gelabelte Datensätze, z. B. Röntgenbilder inklusive der korrekten Diagnose. Man kann sich leicht vorstellen, welcher Aufwand dahintersteckt, Zehntausende Aufnahmen zusammenzustellen und dabei darauf zu achten, dass alles korrekt klassifiziert wurde.

Jedenfalls wäre der Nutzen immens, wenn man für die eigene spezifische Aufgabe auf Vorwissen aus ähnlichen Aufgaben zugreifen könnte. Auch darf man nicht unterschätzen, welche Rechenkapazität aktuell noch vonnöten ist, um ein neuronales Netz zu trainieren. Da wäre es natürlich wünschenswert, wenn das Vorwissen auf leistungsfähiger Hardware durchgeführt wurde und für die Adaption an die neue Aufgabe nur noch relativ wenig Rechenpower nötig wäre.

Erste Marktplätze zum Verkauf und Kauf von solchen Modellen entstehen gerade, stecken aber noch in den Kinderschuhen. Die Bedeutung solcher Marktplätze wird schnell wachsen. Es ist aber jetzt schon möglich, dass man sich Zugang zu einem vortrainierten neuronalen Netz kauft und dieses dann mit relativ wenig weiterem Training an die spezielle Situation anpasst. Zum Beispiel kann man sich im AWS Marketplace einen Service buchen, der Prominente, Logos und vieles mehr in Videos erkennt. Prominentenerkennung kostet gerade einmal 0,025 US-Dollar pro Video, Logoerkennung nur die Hälfte [12]. Neben dieser einfach zu nutzenden SaaS (Software as a Service) gibt es auch individuelle Varianten, bei denen man mit einem eigenen Trainingsset die Erkennungssoftware auf weitere Gesichter oder Logos erweitern kann.

Literatur

1. Abdulle A, Wanner G (2002) 200 years of least square methods. Elem Math 57:45–60. https://doi.org/10.1007/PL00000559
2. Dan H (o. J.) How much did AlphaGo Zero cost? Dansplaining. https://www.yuzeh.com/data/agz-cost.html. Zugegriffen am 30.03.2020
3. Chicco D, Jurman G (2020) The advantages of the Matthews correlation coefficient (MCC) over F1 score and accuracy in binary classification evaluation, BMC Genomics 21, 6, https://doi.org/10.1186/s12864-019-6413-7
4. Krebs in Deutschland für 2015/2016. 12. Ausgabe (o. J.) Robert Koch-Institut (Hrsg) und die Gesellschaft der epidemiologischen Krebsregister in Deutschland e.V. (Hrsg). Berlin, 2019. doi:https://doi.org/10.25646/5977

5. Wörmann B et al (2014) Krebsfüherkennung in Deutschland 2014, Gesundheitspolitische Schriftenreihe der DGHO Band 4. https://www.onkopedia.com/de/wissensdatenbank/wissensdatenbank/mammakarzinom/FrherkennungMammakarzinom.pdf. Zugegriffen am 04.04.2020

6. Bobo JK et al (2000) Findings From 752 081 Clinical breast examinations reported to a national screening program from 1995 through 1998. JNCI 92(12):971–976. https://doi.org/10.1093/jnci/92.12.971

7. Brodersen J, Siersma VD (2013) Long-term psychosocial consequences of false-positive screening mammography. Ann Fam Med 11(S):106–115. https://doi.org/10.1370/afm.1466

8. Silver D et al (2017) Mastering the game of go without human knowledge. Nature. https://deepmind.com/research/publications/mastering-game-go-without-human-knowledge. Zugegriffen am 10.05.2020

9. OpenAI Five (o. J.) https://openai.com/five/. Zugegriffen am 08.04.2020

10. Kober J, Peters J (2014) Reinforcement learning in robotics: a survey. Learn Mot Skills 97. Springer Tracts in Advanced Robotics. doi:https://doi.org/10.1007/978-3-319-03194-1_2

11. Wolfangel E (2019) KI mit Zauberei, Spektrum. https://www.spektrum.de/news/ki-mit-zauberei/1646056. Zugegriffen am 10.05.2020

12. sensifai Automatic Video Recognision auf AWS Marketplace (o. J.) https://aws.amazon.com/marketplace/pp/B07F1933J3. Zugegriffen am 04.04.2020

4

Stolz und Vorurteile – Risiken von Data Science

Viele Menschen machen sich Sorgen über die aktuellen Fortschritte der künstlichen Intelligenz. So wird im Fernsehen recht häufig über die Risiken diskutiert und gewarnt. Das fängt an bei der Arbeitsplatzvernichtung durch Digitalisierung und geht über vermeintlich ethische Entscheidungen, die ein selbstfahrendes Auto treffen müsste, bis zum Einsatz von künstlicher Intelligenz in Waffen.

Einige Sorgen sind sicherlich berechtigt. Andere zeigen eher, dass die Mechanismen, wie Data Science und maschinelles Lernen funktionieren, nicht verstanden wurden. Ich denke, eine gewisse Versachlichung der Debatte tut not.

Meist werden in diesem Zusammenhang ethische Fragestellungen diskutiert. Diese sind für die Menschen vielleicht am spannendsten, da man sich bei diesen auch als Laie eine Meinung bilden kann. Aber die Probleme gehen viel früher los, nämlich schon bei der Datenerhebung.

H. Aust, *Das Zeitalter der Daten*, https://doi.org/10.1007/978-3-662-62336-7_4

4.1   Pfusch am Bau –
Handwerkliche Fehler

Data Science und insbesondere Statistik sind komplizierte Fachgebiete, da lassen sich leicht Fehler machen. Das Problem dabei sind nicht die Fehler an sich, denn diese gehören zum Prozess. Wenn aber Fehler nicht bemerkt werden, kann es problematisch werden. Harmlos ist dabei am ehesten, wenn ein Modell letztendlich einfach keine Aussagekraft hat und daher verworfen wird. Das Gegenteil ist aber leider viel häufiger der Fall. Gerade bei wissenschaftlichen Veröffentlichungen wird so lange herumprobiert, bis ein statistisch signifikanter Zusammenhang gefunden wurde. Denn es werden vor allem Beiträge veröffentlicht, die signifikante Ergebnisse enthalten. Diese Verzerrung nennt man Publikationsbias und ist schon seit 1959 bekannt [1].

4.1.1 Garbage in, garbage out – Müll bleibt Müll

Immens wichtig für alle Algorithmen ist ein sauberer Datensatz. Denn das ist die Basis, auf der alle Analysen und die kompliziertesten Berechnungen beruhen. Ist schon mit den Daten etwas nicht in Ordnung, dann kann auch der beste Algorithmus wenig retten. Es gibt zwar Verfahren, die robuster gegenüber Fehlern sind als andere, aber auch diese können keine Wunder vollbringen.

Das fängt schon bei einfachen Kennzahlen an. Der Mittelwert ist beispielsweise deutlich empfindlicher als der Median. Nehmen wir an, wir haben für eine Studie die Körpergröße von 10 Personen erhoben. Leider hat die Hilfskraft, die die Daten eingegeben hat, den letzten Wert in Meter und nicht Zentimeter angegeben (Tab. 4.1).

Das hat gravierende Folgen für den Mittelwert. Dieser wird so berechnet, dass alle Werte aufsummiert werden

Tab. 4.1 Beispiel für Fehleingabe: Körpergröße in cm

Person	1	2	3	4	5	6	7	8	9	10
Korrekt	181	167	185	188	178	192	172	176	185	170
Mit Tippfehler	181	167	185	188	178	192	172	176	185	1,70

und die Summe dann durch die Anzahl, also 10, geteilt wird.

Mittelwert (korrekt) = 179,4

Mittelwert (mit Tippfehler) = 162, 57

Der Median hingegen ist der Wert, der die Datenreihe in der Mitte teilt, wenn man sie der Größe nach sortiert. Bei einer geraden Anzahl von Werten wird die Mitte zwischen den beiden mittleren Werten genommen (Abb. 4.1).

Der Median ist stabiler gegenüber Ausreißern; in beiden Fällen berechnet er sich zu 179,5.

In diesem kleinen Beispiel sieht man direkt den Fehler. Die Datensätze, die im maschinellen Lernen zum Einsatz kommen, sind aber gigantisch. Und häufig ist es nicht einfach, die Fehler zu identifizieren. Nehmen wir zum Beispiel ImageNet, eine Bilddatenbank, die mittlerweile über 14 Millionen Bilder enthält. Bei allen Bildern ist vermerkt, welche Objekte sich auf dem Bild befinden. Diese Annotationen mussten manuell gemacht werden. Das wurde übrigens mittels Amazons Mechanical Turk realisiert. Wie kann sichergestellt werden, dass die Bilder weitestgehend korrekt klassifiziert wurden? Tatsächlich ist die Lösung in diesem Fall einfach, denn ein Bild wird mehreren Personen zur Klassifizierung vorgelegt. Anhand von Stichproben wurde die Genauigkeit auf 99,7 % geschätzt. Eine 100 %-ige Genauigkeit zu erreichen ist schwierig bis unmöglich, da zum Beispiel optisch ähnliche Hunderassen kaum unterschieden werden können [2].

Einen anderen Weg sind Wissenschaftler gegangen, um den Datensatz ChestX-ray8/14 zu erstellen. Dieser enthält über 100.000 Röntgenaufnahmen von mehr als 30.000 Patienten. Genau wie bei ImageNet benötigen die Bilder Labels, um sie für Machine-Learning-Algorithmen vom Typ

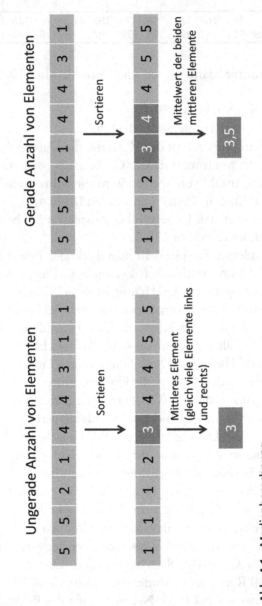

Abb. 4.1 Medianberechnung

überwachtes Lernen (Abschn. 3.2) nutzbar zu machen. Die Labels beim ChestX-ray14-Datensatz bestehen aus 14 Krankheitsklassen wie Pneumonie oder Fibrose oder „normal". Hier wurden die Labels dadurch erzeugt, dass der Röntgenbericht nach den entsprechenden Wörtern durchforstet wurde. Ein bisschen komplexer war das *Text Mining* allerdings, damit negative Diagnosen ausgeschlossen werden konnten [3]. Text Mining bezeichnet algorithmus-basierte Methoden, um Bedeutungen in Textdaten zu entdeckt.

Das neuronale Netz cheXNet wurde auf Basis dieses Datensatzes trainiert, Lungenentzündungen in Röntgenbildern zu erkennen. Es wurde dann mit den Diagnosen von vier Radiologen verglichen und erreichte eine höhere Genauigkeit. Daher wurde es als Meilenstein gefeiert. Interessant dabei ist auch die anschließende Diskussion über die Methodik. So gab es nicht nur Zweifel im Vergleich mit den Radiologen (drei der vier waren allgemeine Radiologen und keine Thorax-Spezialisten), sondern auch bezüglich der Korrektheit der Labels, auch als *ground truth* bezeichnet [4]. Zwar war die Text-Mining-Methode gut, aber sie hatte nur den Röntgenbericht als Grundlage, dessen Diagnose zum Teil diskussionswürdig war. Schließlich wurde für den Vergleich Mensch gegen Maschine mit 420 Röntgenbildern die Mehrheitsentscheidung der vier Radiologen als Grundwahrheit genommen. Auch hier gewann der Computer. Auf der anderen Seite ist dieser Wettbewerb nicht fair, denn ein Radiologe entscheidet nicht allein aufgrund des Röntgenbilds, sondern hat die gesamte Patientenakte zur Verfügung.

> Es ist in der Realität meist mit einem sehr hohen Aufwand verbunden, einen großen, guten Datensatz zu erstellen.
> Gut heißt zum einen, dass so wenig Fehler wie möglich enthalten sind, die z. B. durch Fehleingaben entstehen. Zum anderen stellt sich die Frage nach der Korrektheit der Labels; diese ist für Algorithmen der Klasse Überwachtes Lernen essenziell.

4.1.2 p-Hacking und andere Statistik-Fallen

Ein statistischer Test hat noch kein positives Ergebnis gebracht? Kein Problem, dann machen wir einfach einen weiteren. Leider ist das doch ein Problem!

In der Statistik gibt es zwei Interpretationsweisen von Wahrscheinlichkeit, die frequentistische und die bayessche. Frequentisten sehen die Wahrscheinlichkeit eines Ereignisses als den Grenzwert der relativen Häufigkeit bei vielen Wiederholungen. Bayesianer hingegen interpretieren Wahrscheinlichkeit als eine quantifizierte Erwartung, die das Wissen oder den persönlichen Glauben widerspiegelt [6].

Hypothesentests gehören zur frequentistischen Sichtweise. Der vorgesehene Weg, um Schlussfolgerungen aus Daten zu ziehen, sieht so aus:

1. Hypothese aufstellen
2. Daten sammeln
3. Hypothesentest durchführen

Dabei ist wichtig, dass Hypothese und Daten unabhängig sind. Das heißt, dass die Hypothese nicht erst durch Auffälligkeiten in den Daten, die für den Hypothesentest verwendet werden, gebildet werden sollte. Irgendwoher müssen die Hypothesen aber kommen. Um sauber zu arbeiten, kann man zum Beispiel den Datensatz zufällig in zwei Teile einteilen. Dann wird der eine Teil zur Hypothesengenerierung und der andere zur Überprüfung verwendet.

In einem Hypothesentest werden eine Nullhypothese H_0 und deren Gegenteil, die Alternativhypothese H_A aufgestellt (Abschn. 3.1.3). Ist es nun sehr unwahrscheinlich, die Stichprobe zu beobachten, unter der Annahme, dass H_0 wahr ist, dann lehnen wir H_0 ab und H_A muss richtig sein. Achtung, es ist aber nur unwahrscheinlich, nicht unmöglich, die Stichprobe zu beobachten. Diese Wahrscheinlichkeit heißt p-Wert. Die Grenze, ab der wir H_0 ablehnen, heißt Signifikanzniveau und wird in Publikationen als 5 % gewählt. Im Schnitt wird also in einer von 20 Stichproben die Nullhypothese abgelehnt, obwohl die Stichprobe nur zufälligerweise ungünstig war. PubMed, eine Suchmaschine für biomedizinische Publikationen, zählt über 30 Millionen Zitate aus Veröffentlichungen. Überlegen Sie mal, wie viele davon vermutlich einfach Glück oder Pech mit ihrer Stichprobe hatten.

Lassen Sie mich zurückkommen auf die ersten Sätze des Kapitels. Um ein Paper veröffentlichen zu können, braucht man ein Ergebnis. Jetzt hat der erste Test leider keinen signifikanten p-Wert unter 5 % geliefert. Also verändern wir den Test und prüfen zum Beispiel auf einen Zusammenhang mit einem anderen Attribut. Hat man genug Attribute, um genügend Tests zu machen, dann wird fast zwangsläufig einer per Zufall signifikant sein; und die Anzahl möglicher Tests steigt schnell. Hat man zum Beispiel fünf Attribute zur Verfügung und testet jedes gegen jedes, dann sind das zehn Möglichkeiten. Da es nicht auf die Reihenfolge der Attribute ankommt, berechnet sich die Anzahl der Möglichkeiten mit dem **Binomialkoeffizienten**. Dieser hat zwei Parameter n und k und gibt an, auf wie viele verschiedene Arten man k Objekte aus einer Menge von n ziehen kann. Man spricht das „n über k" aus und schreibt das in eine Klammer, oben n und unten k. Den Binomialkoeffizienten kennt man vielleicht von den Lottozahlen 7 aus 49: Es werden 7 Kugeln aus 49 möglichen gezogen. In unserem Fall wählen wir $k = 2$ Attribute:

$$\text{Anzahl} = \binom{n}{2} = \frac{n!}{2! * (n-2)!} = \frac{n * (n-1) * \ldots * 1}{1 * 2 * (n-2) * (n-3) * \ldots * 1}$$

$$= \frac{n * (n-1)}{2}$$

Mit einem Signifikanzniveau von 5 % irrt sich ein Test zufällig in 5 % der Fälle. Machen wir nun zehn Tests, dann kann ein Fehler im ersten Test passieren, im zweiten Test usw. Damit wir mindestens ein signifikantes Ergebnis erhalten, muss also mindestens in einem der Tests ein Fehler passieren. Bezeichnen wir die Anzahl der Tests mit a und die Anzahl der Fehler mit X, dann erhalten wir folgende Wahrscheinlichkeit:

$$P(X \geq 1) = 1 - P(X < 1) = 1 - P(X = 0)$$

$$= 1 - (1 - 0{,}05)^a = 1 - 0{,}95^a$$

Bei $a = 10$ Tests haben wir also eine Wahrscheinlichkeit von 40 %, dass einer der Tests das Ergebnis „signifikant" hat. Die zehn Tests kamen aus allen Kombinationen von fünf Attributen zustande. Bei zehn Attributen ist die Wahrscheinlichkeit, mindestens ein signifikantes Ergebnis zu haben, schon 90 %, bei 14 Attributen schon 99 % (Abb. 4.2).

John Bohannon ist ein amerikanischer Wissenschaftsjournalist, der zeigen wollte, wie leicht es ist, trotz zweifelhafter statistischer Methoden in wissenschaftliche Journale und die Massenmedien zu kommen. Dazu führte er eine Studie durch und konnte in dieser „beweisen", dass Schokolade dünn macht. Diese Schlagzeile hat es sogar auf die Titelseite der BILD geschafft [8].

Die Studie wurde tatsächlich seriös durchgeführt. Echte Probanden wurden in drei Gruppen eingeteilt. Zwei der

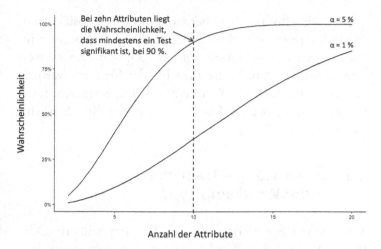

Abb. 4.2 Anzahl der Kombinationen zweier Attribute und Wahrscheinlichkeit mindestens eines Treffers

Gruppen sollten für drei Wochen eine spezielle Diät halten, eine davon mit zusätzlicher Schokolade, die andere ohne. Die dritte Gruppe diente als Kontrollgruppe. Das Resultat war, dass die zwei Diätgruppen an Gewicht verloren, die Gruppe mit Schokolade sogar 10 % schneller. Zudem hatten diese Probanden bessere Cholesterol-Werte und fühlten sich auch besser.

Es war aber auch alles darauf angelegt, bei der Schokoladen-Gruppe ein signifikantes Ergebnis zu erhalten. Die viel zu kleine Stichprobe von 15 Teilnehmern sorgte zum einen dafür, dass das Ergebnis zufällig war. Zudem wurden die beiden Diätgruppen anhand von 18 Attributen miteinander verglichen. Es wurden also 18 Hypothesentests durchgeführt. Bei einem Signifikanzniveau von 5 % ergibt sich damit eine Wahrscheinlichkeit von 60 %, einen signifikanten Unterschied zwischen den Gruppen zu finden.

p-hacking findet meist aber nicht mit böser Absicht statt, sondern passiert schnell, wenn zum Beispiel Ausreißer im Nachhinein ausgeschlossen werden. Es gibt noch viele weitere Statistik-Fallen, in die man bei der Datenauswertung tappen kann, z. B. die Wahl eines nicht geeigneten Tests. Daher sind für einen Data Scientisten solide Statistik-Kenntnisse so wichtig.

4.1.3 Overfitting – Trainings- oder Wettkampftyp?

Sind Sie der Sportlertyp, der im Training brilliert? Oder laufen Sie erst im Wettkampf zu Hochleistungen auf? Machine-Learning-Algorithmen sind eher Trainingstypen. Das Problem ist, dass der Algorithmus seine Parameter dahingehend optimiert, dass er auf dem Trainingsdatensatz die bestmöglichen Ergebnisse liefert. Es geht erst einmal nicht darum, allgemeinere Regeln oder Abstraktionen zu finden. Wie soll der Algorithmus auch wissen, was eine allgemeine Regel ist. Eine für Computer nutzbare Definition davon zu geben, ist schwierig.

Als zugrunde liegendes Konzept gilt das Sparsamkeitsprinzip, auch unter dem Namen **Ockams Rasiermesser** (Occam's razor) bekannt. Schon Aristoteles orientierte sich an diesem Prinzip. Wilhelm von Ockam, ein Philosoph und Theologe im Mittelalter, hat das Prinzip selbst nie explizit benannt. Der Name wurde erst im 19. Jahrhundert von Sir William Hamilton geprägt.

> **Ockams Rasiermesser**
>
> Die einfachere Erklärung wird komplizierteren Erklärungen bevorzugt. Einfachheit bedeutet dabei, dass so wenig Parameter und Hypothesen wie nötig verwendet werden.

Eine etwas moderne Formulierung findet sich im KISS-Prinzip: „Keep it simple, stupid!"

Im folgenden Beispiel wird klar, was das Prinzip bedeutet. Aber auch, dass es nicht so einfach in Algorithmen gegossen werden kann.

Wir wollen eine Funktion bestimmen, die durch drei Punkte geht. Mit einem Polynom 3. Grades, also $a \cdot x^3 + b \cdot x^2 + cx + d$, ist das immer möglich. Aber sollte vielleicht eine Gerade, also ein Polynom 1. Grades $ax + c$, bevorzugt werden, auch wenn die Gerade nicht perfekt durch die Punkte führt? Wann ist der Fehler zu groß, sodass die einfachere Variante verworfen werden muss? (Abb. 4.3)

Mittlerweile gibt es viele Varianten der Algorithmen, die versuchen, Ockams Rasiermesser zu berücksichtigen. Schauen wir uns das bei den beiden Methoden an: bei der linearen Regression und bei Entscheidungsbäumen (Kap. 3).

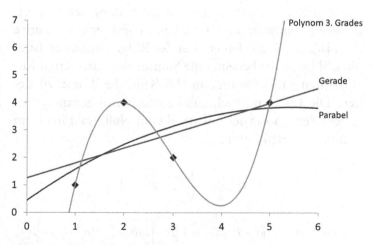

Abb. 4.3 Polynome durch drei Punkte

Bei Entscheidungsbäumen werden mittels Prunings wenig relevante Äste abgeschnitten und so das Modell vereinfacht.

Bei der linearen Regression, welche eine der populärsten Methoden ist, um den Zusammenhang zwischen metrischen Merkmalen zu untersuchen, gibt es mehrere Varianten, die die Komplexität des Modells berücksichtigen. Zwei der gebräuchlichsten Varianten heißen **Lasso** und **Ridge** und sind schon seit 1986 bzw. 1943 bekannt.

Das Grundprinzip bei der linearen Regression ist die Minimierung der quadratischen Fehler (*ordinary least square*). Der Algorithmus wählt die Parameter – also die Koeffizienten *b* vor den Variablen – so, dass die Summe der quadrierten Fehler minimal wird. Bei den beiden Varianten kommt nun ein Strafterm hinzu, der das Verwenden von Attributen (Prädiktoren), die nur wenig zur Erklärung beitragen, bestraft. Der Strafterm wird noch mit einem Faktor λ versehen, um den Einfluss zu steuern. Je größer λ gewählt wird, desto wichtiger ist der Strafterm.

Bei der Lasso-Regression ist der Strafterm die L^1-Norm von den Koeffizienten b_i. Das ist die Summe der Absolutbeträge (Weglassen des Vorzeichens, damit es eine positive Zahl ist) der Koeffizienten. Bei der Ridge-Regression ist es die L^2-Norm, das bedeutet die Summe der quadrierten Koeffizienten zu bilden und anschließend die Wurzel zu ziehen. Die L^2-Norm, auch euklidische Norm genannt, entspricht dem „normalen" Abstand vom Nullpunkt in einem *p*-dimensionalen Raum.

$$OLS: \min_{b}\left(\frac{1}{N}\|y - b * X\|_2^2\right)$$

$$\textbf{Lasso}: \min_{b}\left(\frac{1}{N}\|y - b * X\|_2^2 + \lambda\|b\|_1\right) mit \|b\|_1 = |b_1| + \ldots + |b_p|$$

$$\text{Ridge}: \min_b \left(\frac{1}{N} \|y - b * X\|_2^2 + \lambda \|b\|_2 \right) \textit{ mit } \|b\|_2 = \sqrt{b_1^2 + \ldots + b_p^2}$$

Auch wenn Lasso und Ridge fast gleich aussehen, verhalten sie sich doch unterschiedlich. Die Ridge-Regression bestraft es, wenn die Koeffizienten groß sind. Damit werden alle Prädiktoren behalten und nur die Koeffizienten so klein wie möglich, aber größer als null, gewählt. Bei der Lasso-Regression hingegen funktioniert die Optimierung so, dass die Koeffizienten auch null werden können. Damit vereinfacht man das Modell, indem man Prädiktoren ausschließt.

Beide Varianten haben ihre Vor- und Nachteile. Lasso funktioniert in der Regel gut, wenn es nur eine kleine Zahl signifikanter Attribute gibt und die Koeffizienten der übrigen schon nahe null sind. Ridge funktioniert gut, wenn es viele Attribute mit ähnlich großen Koeffizienten gibt. Daher kombiniert man heutzutage beide, packt beide Strafterme in die Gleichung und nennt das Ganze dann **Elastic Net**.

4.2 Meine Daten gehören mir, oder?

Jeder kennt es: Man sucht im Internet nach Schuhen oder einer Urlaubsreise und in den nächsten Tagen sind alle Seiten und sozialen Medien gepflastert mit Werbung zu diesem Thema. Diese doch recht nervige Marketingtechnik heißt *Retargeting*. Da hilft es auch nicht, dass man auf jeder Seite den Hinweis anklicken muss, dass man Cookies erlaubt, weil man sonst nicht weiterkommt. Oder etwa doch?

Cookies sind Informationshäppchen, die vom Browser auf dem lokalen Computer oder Smartphone gespeichert werden, damit die Webseite beim nächsten Besuch diese Informationen zur Verfügung hat. Sehr häufig wird ein Cookie gesetzt, um den Nutzer wieder zu identifizieren. Habe ich beispielsweise bei einem Onlinehändler den Warenkorb gefüllt, breche aber den Einkauf ab, dann erkennt die Webseite bei meinem nächsten Besuch anhand des Cookies, dass ich es bin und stellt meinen Warenkorb wieder her.

Nach diesem Prinzip funktioniert auch das **Retargeting**. Die Seite, auf der ich nach schönen Urlaubszielen gesucht habe, speichert ein Cookie auf meinem Rechner. Dieses Cookie gehört aber nicht nur zu der besuchten Webseite, sondern ist das universelle Cookie eines Werbeanbieters (Adserver), das mich identifiziert. Gleichzeitig leitet die besuchte Webseite die Information, dass ich auf der Seite war, an den Werbeanbieter weiter. Besuche ich nun eine andere Webseite, welche eine Werbefläche des Werbeanbieters eingebunden hat, dann fragt die Webseite anhand der Cookie-Informationen beim Werbeanbieter an und Letzterer schickt die passende Anzeige (Abb. 4.4).

Google hat als größter Werbeanbieter ein nahezu lückenloses Protokoll, wann welche Internetseite besucht wurde.

Nun könnte man auf die Idee kommen, diese Cookies zu verbieten. Schließlich werden sie auf meinem Rechner gespeichert. Das kann man auch machen, aber tatsächlich hilft das nicht viel. Denn es gibt viele Informationen neben dem Cookie, die eine Identifikation ermöglichen. Eine Technik ist der sogenannte **Canvas Fingerprint** (*canvas* = Leinwand). Damit der Browser eine Webseite schön darstellt, stehen der Webseite einige Informationen zur Verfügung: z. B. welche Version welchen Betriebssystems, die Grafikauflösung, welche Version welchen Browsers und noch mehr. Dadurch lässt sich ein Nutzer zwar nicht perfekt identifizieren, aber doch mit einer hohen Genauigkeit [7].

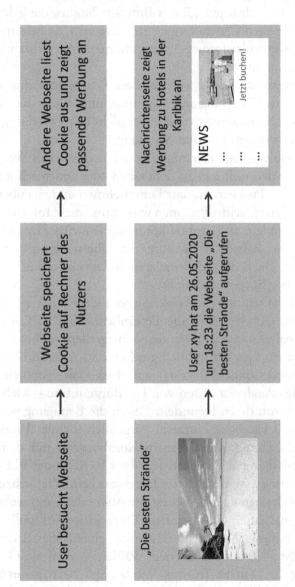

Abb. 4.4 Retargeting

Auch hierfür gibt es übrigens Abhilfe. Statt die Informationen zu unterdrücken, gibt es Browser-Plugins, die jedes Mal einen neuen Canvas Fingerprint erzeugen. So bekommen die Werbeplattformen Informationen, können damit aber nichts anfangen.

Auf der anderen Seite werden diese Daten dazu eingesetzt, dass man Werbung angezeigt bekommt, die besser zu einem passt. Die Alternative ist leider nicht keine Werbung, sondern nur unpersönlichere Werbung.

Das Problem liegt aber nicht in der persönlichen Werbung, die einen vielleicht zu dem einen oder anderen Kauf verleitet. Das Problem ist, dass Unternehmen sehr viel über das Verhalten einzelner Personen wissen und diese Informationen an andere weitergeben können, die nichts Harmloses im Sinn haben. So könnte ein Überwachungsstaat regimekritische Bürger identifizieren, indem er das Surfverhalten seiner Bürger überwacht.

Das Verhalten auf Facebook, insbesondere die Vergabe von Likes, gibt viel über die Persönlichkeit preis. Cambridge Analytica war 2018 in den Schlagzeilen, weil es genau darin ein Geschäftsmodell gesehen hat. Anhand eines bezahlten Persönlichkeitstests auf Facebook sammelte Cambridge Analytica Daten von US-Bürgern und – wichtig – auch von deren Freunden. Durch die Befragung von ca. 320.000 Facebook-Nutzern, vorgeblich für die akademische Forschung, konnte so in Kombination mit dem Nutzerverhalten ein Datensatz von über 50 Millionen Nutzern konstruiert werden. Dieser Datensatz beinhaltet neben normalen demografischen Daten wie Alter oder Geschlecht auch Eigenschaften wie Offenheit, Extrovertiertheit, politische Gesinnung, Militarismus von ca. einem Viertel der potenziellen US-amerikanischen Wähler. Wie dieser Datenschatz in Donald Trumps Wahlkampf 2016 genutzt wurde, ist unklar. Es ist aber belegt, dass Cambridge Analytica verschiedene Dienstleistungen wie die Zusammenstellung von Zielgruppen für digitale Werbung und Spendenaufrufe für Trumps Wahlkampagne durchgeführt hat [8].

4.3 Schubladen im Computerdenken – Vorurteile

Rassismus in der Rechtssprechung
Algorithmen entscheiden objektiv – deshalb ist ihr Einsatz bei der Rechtsprechung besonders geeignet. Das ist leider falsch. Technologisch sind die USA Vorreiter, dort wird in einigen Bundesstaaten seit dem Jahr 2000 ein Algorithmus eingesetzt, um die Rückfallquote von Straftätern abzuschätzen. Diese Abschätzung kann ein Richter bei der Urteilsfindung benutzen. Es werden 137 Merkmale des Täters und seiner kriminelle Vergangenheit in den sogenannten COMPAS-Algorithmus der Firma equivant (vormals Northpointe) gesteckt. Daraus wird eine Risikoklasse zwischen 1 bis 10 ermittelt, ob der Straftäter in den nächsten zwei Jahren rückfällig werden wird.

Die Ergebnisse sind umstritten. Wie der Algorithmus genau funktioniert, ist unbekannt, denn er ist Eigentum des Unternehmens equivant. Dressel und Farid [8] konnten zeigen, dass eine einfache lineare Regression, basierend auf Alter und der Anzahl vorherigen Verurteilungen, genauso gut funktionieren.

Außerdem wird dem Algorithmus Rassismus vorgeworfen. Obwohl der Algorithmus Rasse nicht direkt als Merkmal benutzt, kritisieren Angwin et al. [11], dass der Algorithmus die Rückfälligkeit von Menschen mit schwarzer bzw. weißer Hautfarbe anders bewertet. Anhand einer Stichprobe von 7000 Straftätern aus Florida zeigen sie, dass sich zwar die Genauigkeit nicht stark unterscheidet, dafür aber die Rückfallquote bei Schwarzen überschätzt und bei Weißen unterschätzt wird. Flores et. al [12] stellen die Studie aufgrund methodischer Schwächen infrage und kommen zu dem Schluss, dass der Algorithmus keine Unterscheidung in der Hautfarbe macht. Tatsächlich ist es nicht einfach zu entscheiden, was Fairness in diesem Zusammenhang bedeutet. Eine exzellente Darstellung der Problematik geben Corbett-Davies et al. in einem Artikel der Washington Post [13]:

- Innerhalb der Risikoklassen (hoch, mittel, niedrig) ist die Rückfallquote der Angeklagten unabhängig von der Hautfarbe. Dieses Argument benutzen das Unternehmen equivant und Flores et al.
- Die Rückfallrate ist bei schwarzen Angeklagten höher als bei weißen.
- Schwarze werden häufiger mit mittlerem oder hohem Risiko klassifiziert, da Merkmale wie vorherige Gefängnisaufenthalte bei Schwarzen höher sind.
- Nicht-rückfällige Schwarze werden häufiger in einer höheren Risikoklasse einsortiert als nicht-rückfällige Weiße. Das ist der Kritikpunkt von Angwin et al.

Es zeigt sich, wie vorsichtig und bedacht man Algorithmen bewerten sollte. Klar ist allerdings, dass Algorithmen einen immer stärkeren Einfluss auf unser Leben haben.

Sexismus bei der Spracherkennung

Den digitalen Assistenten wie Amazons Alexa oder Apples Siri wurde unterstellt, sexistisch zu sein. Eine Umfrage von 1000 Briten durch YouGov in 2019 ergab, dass sie Männerstimmen besser als Frauenstimmen verstehen. Zwei Drittel der befragten Frauen gaben an, dass die Geräte mindestens „manchmal" nicht richtig reagieren. Bei den Männern waren es nur knapp über die Hälfte. Auf der anderen Seite gaben nur 32 % der Frauen an, dass die Geräte selten oder nie falsch reagieren, während es bei den Männern 46 % waren [14].

Jetzt kann man sich über Repräsentativität und Aussage streiten. Schließlich ist das Nicht-Verstehen in der Befragung rein subjektiv. Trotzdem wurde über mögliche Gründe diskutiert. Tatsächlich ist die Identifikation einer Person anhand der Stimme bei Frauen signifikant schlechter als bei Männern, wenn eine populäre Technik namens *Mel Frequency Cepstral Coefficients* (MFCC) dafür eingesetzt wird. MFCC zerlegt, grob gesprochen, das Frequenzspektrums, um eine kompakte Darstellung von diesem zu erhalten.

Andere sehen die Gründe in einem verzerrten Trainingsdatensatz. Klassifikationsalgorithmen optimieren ihre Parameter so, dass die Mehrheit der Daten gut erkannt wird. Hat man nun einen Datensatz mit Sprachaufnahmen, die überwiegend von Männern stammen, dann wird der Algorithmus Männerstimmen besser erkennen können.

Sexismus bei der Gesichtserkennung

Meiner Meinung nach ist das Beispiel ein Beleg dafür, dass man vorsichtig mit Schlussfolgerungen sein sollte. Allerdings zeigt es, wie wichtig auch ein guter Testdatensatz ist, also der Datensatz, der für die Bestimmung der Güte zuständig ist. Es gibt aber jede Menge belastbare Beweise dafür, dass ein nicht ausgewogener Trainingsdatensatz für maschinelle Ungleichbehandlung sorgt, z. B. eine Studie von Joy Buolamwini vom MIT MediaLab bezüglich Gesichtserkennung [16]. Dabei ging es um die Unterscheidung zwischen männlichen und weiblichen Gesichtern durch drei kommerzielle Systeme von IBM, Microsoft und Megvii. Die Fehlerrate bei weißen Männern, als Frau klassifiziert zu werden, lag bei unter 1 %. Für farbige Frauen hingegen stieg die Fehlerrate, als Mann klassifiziert zu werden, auf 35 % an. Selbst sehr prominente Frauen wie Oprah Winfrey, Michelle Obama und Serena Williams wurden fälschlicherweise als Männer eingeordnet.

Der Datensatz IJB-A, von der US-Regierung in Auftrag gegeben, besteht aus 500 Bildern und soll als Benchmark dienen [15]. Buolamwini stellt jedoch fest, dass dieser 75 % Männer und 80 % weiße Personen enthält. Farbige Frauen machen nur einen Anteil von 5 % aus.

Frau Buolamwini forscht nicht nur an diesen Themen, sondern hat es sich zur Aufgabe gemacht, für Gleichberechtigung in Algorithmen einzutreten und hat daher die Algorithmic Justice Leage ins Leben gerufen.

> Eine Vorhersage beinhaltet immer die Charakteristika des verwendeten Trainingsdatensatzes. Ein verzerrter Datensatz führt zu Vorurteilen.
>
> Ist ein Datensatz eine Sammlung von Ereignissen aus der Vergangenheit, dann nimmt der Algorithmus diese Vergangenheit als Grundlage.
>
> Die Auswahl der Daten verzerrt in den allermeisten Fällen das Ergebnis. Wichtig ist, diese Verzerrung klein zu halten.

4.4 Ethische Probleme

4.4.1 Machen Daten mich überflüssig?

Man kann davon ausgehen, dass sich die Arbeitswelt durch Data Science bzw. maschinelles Lernen verändern wird. Das ist nicht wirklich eine Überraschung, wenn man bedenkt, wie sich die Arbeitswelt in den letzten Jahrzehnten verändert hat. Manche Berufe sind überflüssig oder in andere Länder verlagert worden, auf der anderen Seite sind neue Berufsfelder entstanden. Die beiden entscheidenden Fragen sind doch, wie schnell solche Veränderungen stattfinden und welche Größenordnung sie haben.

Durch „Technologie" wurden schon immer versucht, Arbeiten zu optimieren, es scheint in der menschlichen Natur zu liegen. Das fing schon bei der Entwicklung besserer Waffen oder Fallen zum Jagen und bessere Werkzeuge zum Verarbeiten an. Großer Zeitsprung: In der Industrialisierung kamen dann die Maschinen ins Spiel. Schon 1745 baute Jacques de Vaucanson den ersten vollautomatischen Webstuhl. Ende der 1940er-Jahre wurden von John T. Parsons und Frank L. Stulen numerische Steuerungen für die Produktion von Hubschrauber-Rotorblättern entwickelt. Numerische Steuerungen sind Geräte, die Maschinen steuern können und ihre Anweisungen dafür als Code auf Datenträgern, damals Lochkarten, erhaltne. Die Automatisierung schritt weiter voran, und durch Industrieroboter bis hin zu vollautomatischen Produktionsstraßen werden heute viele menschliche Arbeitskräfte ersetzt.

Bisher konnte man noch nicht direkt beobachten, dass durch maschinelles Lernen Arbeitsplätze abgebaut wurden. Aktuell ist es eher so, dass Data Scientisten eingestellt werden, um die sich bietenden neuen Möglichkeiten zu nutzen. Übertrieben ist sicherlich die Sorge, dass bald Ärzte oder andere komplexe Berufe durch künstliche Intelligenz abgelöst werden. Es gibt zwar viele Fortschritte in speziellen Bereichen, unter anderem auch in der Analyse von Röntgenaufnahmen (Abschn. 4.1.1), bei der von übermenschlichen Fähigkeiten gesprochen wird. „Übermenschlich" heißt hier, dass die Präzision von Menschen, in diesem Fall geschulten Radiologen, durch Algorithmen übertroffen wird. Es ist allerdings etwas völlig anderes, Algorithmen zur

Unterstützung der menschlichen Arbeit heranzuziehen, als diese komplett zu ersetzen. Eine Aufgabe hochgradig zu automatisierten, sodass der Mensch nur noch wenig machen muss, und eine Aufgabe komplett zu automatisieren, sodass der Mensch nicht mehr benötigt wird, macht einen riesigen Unterschied in der Komplexität und dementsprechend im Realisierungsaufwand. Dabei ist noch nicht an die Akzeptanz durch den Menschen gedacht.

Eine disruptive Veränderung steht uns vermutlich aber in Kürze mit den selbstfahrenden Autos bevor, welche dann den Beruf des LKW- und des Taxifahrers gefährden. Die Entwicklung der Automatisierung ist bisher schrittweise erfolgt. Die Assistenzsysteme meistern zunehmend komplexere Aufgaben wie die Spur zu halten, einzuparken, oder Überholvorgänge einzuleiten. Sobald das Fahrzeug autonom im Straßenverkehr agieren kann, wird der Fahrer nur zu Überwachungszwecken und für kritische Situationen benötigt. Ist der Algorithmus in der Lage, rechtzeitig zu melden, wenn ein Mensch einspringen muss, können auch mehrere Fahrzeuge durch eine Person überwacht werden. So könnte beispielsweise eine LKW-Kolonne durch einen Fahrer in dem ersten Fahrzeug kontrolliert werden. Erst wenn diese Technologie gemeistert ist, ist der nächste logische Schritt die vollständige Autonomie der Fahrzeuge. In vielen weiteren Anwendungsbereichen ist diese schrittweise Autonomisierung zu beobachten.

> Es ist ein großer Sprung von der Unterstützung durch Maschinen hin zur völligen Autonomie der Maschinen.
>
> Wann eine Aufgabe, die bisher in Menschenhand war, vollständig durch Computer übernommen werden kann und damit eine disruptive Änderung auslöst, ist kaum vorhersehbar.

4.4.2 Autonomes Fahren

Ein Beispiel für ethische Fragestellungen, welches eine gewisse Popularität erreicht hat, ist die Entscheidung, wie sich das Fahrzeug moralisch bei einem unausweichlichen Unfall verhalten sollte: Soll es eine Gruppe älterer Menschen umfahren oder besser ein Kind?

Diese oder ähnliche Fragestellungen werden gerne öffentlich diskutiert, wenn es um die Risiken der künstlichen Intelligenz und Forderungen nach einem Ethik-Kodex für Roboter geht.

Hintergrund ist eine Onlinebefragung „The Moral Machine" [18], bei der die Forscher eben solche Fragen Millionen von Menschen gestellt haben, um Anhaltspunkte zu gewinnen, wie sich selbstfahrende Autos verhalten sollten.

Interessant dabei ist, dass sich Ingenieure und Entwickler solche Fragen stellen, um die Maschinen entsprechend zu programmieren. Das passiert jedoch nicht ganz so, wie es suggeriert wird.

Autonome Fahrzeuge sind mit verschiedenen Sensorsystemen wie LiDAR, Radar, Ultraschall, Infrarot-Kameras und normalen Kameras ausgestattet. Die durch die Sensoren erfassten Daten werden genutzt, damit das Fahrzeug sich so sicher wie möglich zu dem Ziel bewegen kann. Für die Sicherheit ist es entscheidend, das Verhalten anderer Verkehrsteilnehmer zu erfassen und möglichst für die nächsten Sekunden oder Minuten zu prognostizieren. Haben die Systeme zum Beispiel einen Radfahrer erkannt, dann können anhand von dessen aktuellem Ort und seiner Geschwindigkeit mögliche Aufenthaltsorte in den nächsten Sekunden bestimmt werden. Es ist also vorteilhaft, wenn der Algorithmus die anderen Verkehrsteilnehmer klassifizieren kann; nicht nur Radfahrer, sondern auch Gruppen von Menschen und einzelne Fußgänger. Ob auch Kinder zuverlässig von den Systemen identifiziert werden können, ist fraglich – wohl kaum allein anhand der Körpergröße. Als Autofahrer verhalten wir uns wachsamer und rechnen mit unüberlegten Handlungen, wenn wir ein Kind sehen.

Neben der Frage, ob aus den Sensordaten wirklich solche feinen Unterscheidungen in Echtzeit gemacht werden können, ist die Programmierung entscheidend. Würde diese noch wie die Expertensysteme der 1980er-Jahre aus Wenn-Dann-Regeln bestehen (Kap. 2), dann müssten solche Regeln explizit programmiert werden. Die Entwicklung ist aber fortgeschritten hin zu neuronalen Netzen, die sich unter den Algorithmen des maschinellen Lernens als besonders gut herausgestellt haben.

Um dem Algorithmus das Fahren beizubringen, greift man auf die Methode des bestärkenden Lernens zurück (Abschn. 3.4). Zuerst werden in virtuellen Umgebungen richtige Bewegungen belohnt, indem es Punkte gibt, und falsche bestraft, indem Punkte abgezogen werden. Man kann sich das wie in einem Computerspiel vorstellen. Der Algorithmus spielt verschiedene Möglichkeiten durch und lernt so die richtigen Verhaltensweisen. Ist der Algorithmus in der virtuellen Umgebung gut genug, dann geht es in die Realität.

Es gibt, neben der ganzen üblichen Komplexität, die ein solches System mit sich bringt, zwei entscheidende Einstellungen, die das „moralische" Verhalten steuern. Zum einen hängt das Verhalten daran, welche Trainingsszenarien durchgespielt werden. Welche Aufgaben werden dem System gestellt? Crash-Situationen sind in den Trainingsszenarien enthalten, aber auch das oben beschriebene moralische Dilemma? Zum anderen ist die Aktion des Systems von der Bewertung des Verhaltens in den Trainingsszenarien abhängig. Welches Verhalten wird mit welcher Punktzahl belohnt, welches mit wie vielen Punkten bestraft? Hier ein ausgeglichenes Bewertungssystem zu finden, bei dem die Sicherheit aller Verkehrsteilnehmer an erster Stelle steht; gleichzeitig soll es auch dafür sorgen, dass man in angemessener Zeit das Ziel erreicht. Das ist ein äußerst schwieriges Problem. Die Lösung erfordert tatsächlich viele Experimente im – zum Glück – virtuellen Raum.

Grundsätzlich stellt sich aber die Frage, ob es nicht genügt, wenn autonome Fahrzeuge deutlich sicherer fahren als der Mensch. Denn menschliches Versagen ist für einen Großteil der Unfälle verantwortlich.

4.4.3 Waffen

Was wäre, wenn künstliche Intelligenz eingesetzt würde, um Waffen zu verbessern oder komplett neue zu entwickeln? Das ist ein sehr realistisches Szenario. Das Militär hat schon immer die neueste Technologie für sich genutzt und fördert entsprechende Forschungsprojekte.

Man kann sich zum Beispiel gut vorstellen, dass Quadrokopter mit Kamera und Waffe bestückt werden. Anhand einer automatischen Gesichtserkennung wird die Zielperson identifiziert und liquidiert. Vor solchen KI-Waffen warnten Robotik-Forscher bereits 2015 [19]. Prinzipiell erscheint das nicht weit entfernt von den jetzigen Drohneneinsätzen, welche per Fernsteuerung kontrolliert werden. Auf der anderen Seite sind vielleicht die Kosten der entscheidende Faktor. Noch wird die Bilderkennung in der Cloud, also auf leistungsstarken Maschinen, erledigt. Will man, dass die Drohne Gesichter erkennt, dann braucht man entweder eine schnelle Verbindung zur Cloud oder entsprechend Rechenleistung in der Drohne, welche diese wiederum deren Gewicht erhöht. Andererseits wird aber gar keine allgemeine Gesichtserkennung benötigt: Die Bilderkennung muss nur die Zielperson sehr sicher von anderen Personen unterscheiden können. Das ist im Prinzip nichts anderes als die Entsperrfunktion an aktuellen Smartphones, d. h., die Rechenleistung eines guten Smartphones reicht für solche Aufgaben aus.

Solch ein Szenario scheint nicht mehr weit. Anfang 2018 wurde eine russische Militärbasis von einem Schwarm aus 13 Mini-Drohnen angegriffen, die mit Bomben ausgerüstet waren. Diese konnten schnell unschädlich gemacht werden. Obwohl die Drohnen nicht professionell aussahen, verfügten sie über fortgeschrittene Technologie wie Satellitennavigation und automatische Abwurfvorrichtungen [20].

Die DARPA hat 2016 das OFFSET-Programm ins Leben gerufen [21]. Dieses hat das Ziel, Schwärme von bis zu 250 Drohnen oder unbemannte Fahrzeuge zu steuern, um in städtischen Gebieten operieren zu können. Eine friedliche Anwendung von Drohnenschwärmen konnte man zum chinesischen Neujahrsfest 2019 beobachten, als statt Feuerwerk mit Lichtern bestückte Drohnen spektakuläre Figuren in den Himmel zauberten [22].

Es gibt zahlreiche Beispiele für die Entwicklung und Tests von Waffensystemen, die „intelligenter" sind als bisherige. Das Militär betont, dass dadurch präziser und mit weniger Kollateralschäden gehandelt werden kann. Es kann aktuell allerdings keiner beantworten, inwieweit die technologische Entwicklung beschränkt wird auf Waffensysteme, die nur in der Kombination Mensch-Maschine immer effektiver und genauer werden. Auch wenn es noch nicht danach aussieht, könnten in Zukunft bisher aus Science-Fiction-Filmen bekannte, selbstständig agierende Waffensysteme und Roboter Realität werden.

Eine Sache spricht aber doch dagegen. Neuronale Netze scheinen heutzutage am besten geeignet zu sein für komplexe Aufgaben. Mit dieser Art von Algorithmen wurden die größten Fortschritte erzielt. Dafür haben sie einen großen Nachteil gegenüber anderen Methoden. Neuronale Netze sind quasi eine Blackbox: Man füttert Inputs in das neuronale Netz und erhält die Outputs. Die Schlussfolgerungen von neuronalen Netzen nachzuvollziehen ist jedoch schwierig bis unmöglich. Das ist gerade bei Systemen, die Menschen unmittelbar betreffen, kritisch; sei es in der Medizin, bei selbstfahrenden Autos oder eben auch im militärischen Einsatz. Wie soll überprüft werden, dass die KI das Richtige macht? Obwohl es alles nur Mathematik ist, machen es einem die Tausende von Parametern schwer. Bei manchen Typen von neuronalen Netzen kommen dann auch noch Feedback-Schleifen hinzu. Tatsächlich hat sich unter dem Begriff **Explainable AI**, also erklärbare künstliche Intelligenz, ein Forschungsfeld etabliert, das versucht, mehr Transparenz zu schaffen. Insbesondere die DARPA zeigt daran großes Interesse und fördert mehrere Projekte.

Man kann sich gut vorstellen, dass ein Machine-Learning-Algorithmus, der zum Beispiel Emotionen auf Bildern erkennt, eine Erklärung liefert, wie er zu seinem Ergebnis gekommen ist. Dazu könnte er fünf Bilder aus seinem Trainingskatalog zeigen, bei denen er die größte Ähnlichkeit festgestellt und daher so entschieden hat; oder in der Analyse werden die Teile eines Bildes markiert, die für die Einordnung den größten Einfluss haben.

Ungleich schwieriger erscheint es, die Entscheidung von autonomen Agenten nachzuvollziehen, seien es Fahrzeuge oder Waffensysteme. Man kann durch Experimente – natürlich nur virtuell in einer Simulation – Handlungsweisen beobachten: Was passiert, wenn man dem neuronalen Netz dieses oder jenes Szenario vorsetzt? So haben zum Beispiel Entwickler von Nvidia getestet, wie deren Autopilot Pilot-Net reagiert, wenn der Mittelstrich der Straße verschoben wird. Vielleicht gibt es in der Zukunft ein standardisiertes

Szenario-Set, das ein selbstfahrendes Auto bestehen muss. Allerdings müsste das Set variabel und mit Zufallselementen ausgestattet sein, damit die Hersteller nicht einseitig auf das Bestehen dieser Szenarien hin optimieren.

Literatur

1. Wikipedia, Publikationsbias (o. J.) https://de.wikipedia.org/wiki/Publikationsbias. Zugegriffen am 07.03.2020
2. Deng J et al (2009) ImageNet: a large-scale hierarchical image database. http://www.image-net.org/papers/imagenet_cvpr09.pdf. Zugegriffen am 10.05.2020
3. Rajpurkar P et al (2017) CheXNet: radiologist-level pneumonia detection on chest X-rays with deep learning. arXiv:1711.05225
4. Oakden-Rayner L (2017) Exploring the ChestXray14 dataset: problems. https://lukeoakdenrayner.wordpress.com/2017/12/18/the-chestxray14-dataset-problems. Zugegriffen am 07.03.2020
5. Borstelmann S (2017) CheXNet – a brief evaluation. https://n2value.com/blog/chexnet-a-brief-evaluation. Zugegriffen am 07.03.2020
6. Cox RT (1946) Probability, frequency, and reasonable expectation. Am J Phys 14(1):1–10. https://doi.org/10.1119/1.1990764
7. Mowery K, Shacham H (2012) Pixel perfect: fingerprinting canvas in HTML5. Proceedings of W2SP 2012. IEEE Computer Society. https://hovav.net/ucsd/dist/canvas.pdf. Zugegriffen am 07.03.2020
8. Cadwalladr C, Graham-Harrison E (2018) How Cambridge analytica turned Facebook ‚likes‘ into a lucrative political tool. The Guardian. https://www.theguardian.com/technology/2018/mar/17/facebook-cambridge-analytica-kogan-data-algorithm. Zugegriffen am 08.04.2020
9. Bohannon J (2015) I fooled millions into thinking chocolate helps weight loss. Here's how, Gizmodo. https://io9.gizmodo.com/i-fooled-millions-into-thinking-chocolate-helps-weight-1707251800. Zugegriffen am 25.03.2020

10. Dressel J, Farid H (2018) The accuracy, fairness and limits of predicting recidivism. Sci Adv 4(1). https://doi.org/10.1126/sciadv.aao5580.; https://advances.sciencemag.org/content/4/1/eaao5580.full. Zugegriffen am 14.03.2020

11. Angwin J et al (2016) Machine bias: there's software used across the country to predict future criminals. And it's biased against blacks. ProPublica. www.propublica.org/article/machine-bias-risk-assessments-in-criminal-sentencing. Zugegriffen am 14.03.2020

12. Flores AW, Bechtel K, Lowenkamp CT (2016) False positives, false negatives, and false analyses: a rejoinder to „Machine bias: there's software used across the country to predict future criminals. And it's biased against blacks". Fed Prob 80:38. http://www.crj.org/assets/2017/07/9_Machine_bias_rejoinder.pdf. Zugegriffen am 14.03.2020

13. Corbett-Davies S et al (2016) A computer program used for bail and sentencing decisions was labeled biased against blacks. It's actually not that clear. Washington Post. www.washingtonpost.com/news/monkey-cage/wp/2016/10/17/can-an-algorithm-be-racist-our-analysis-is-more-cautious-than-propublicas. Zugegriffen am 14.03.2020

14. https://yougov.co.uk/topics/technology/articles-reports/2019/05/09/most-smart-speaker-owners-are-rude-their-devices. Zugegriffen am 17.03.2020

15. Klare B et al (2015) Pushing the frontiers of unconstrained face detection and recognition: IARPA Janus Benchmark A, 2015 IEEE Conference on Computer Vision and Pattern Recognition (CVPR), Boston, S 1931–1939. DOI: https://doi.org/10.1109/CVPR.2015.7298803., https://ieeexplore.ieee.org/document/7298803

16. Buolamwini J, Gebru T (2018) Gender shades: intersectional accuracy disparities in commerical gender classification. Proc Mach Learn Res 81:1–15. http://proceedings.mlr.press/v81/buolamwini18a/buolamwini18a.pdf. Zugegriffen am 13.03.2020

17. Das Auto, das entscheiden muss, ob es Alte oder Kinder über-fährt (2018) Zeit Online 24.10.2018. https://www.zeit.de/digital/2018-10/autonomes-fahren-kuenstliche-intelligenz-moralisches-dilemma-unfall. Zugegriffen am 15.03.2020

18. Awad E et al (2018) The moral machine experiment. Nature 59–64(2018):563. https://doi.org/10.1038/s41586-018-0637-6

19. Autonome Waffen: Ein offener Brief von KI- & Robotik-Forschern (2015). https://futureoflife.org/open-letter-on-autonomous-weapons-german. Zugegriffen am 17.03.2020

20. Reid D (2018) A swarm of armed drones attacked a Russian military base in Syria, CNBC 11.01.2018. https://www.cnbc.com/2018/01/11/swarm-of-armed-diy-drones-attacks-russian-military-base-in-syria.html. Zugegriffen am 20.03.2020

21. https://insideunmannedsystems.com/darpas-offset-swarm-sprints-take-to-the-skies/. Zugegriffen am 17.03.2020

22. https://www.rnd.de/wissen/drohnen-und-lasershows-die-zukunft-furs-silvester-feuerwerk-YACYGE3DFBBJTPK6GPVYHY57IY.html. Zugegriffen am 17.03.2020

5

Typische Aufgaben eines Data Scientists

Die Mehrheit der Data Scientisten arbeitet als Angestellte in Unternehmen. Der andere große Beschäftigungsbereich sind Universitäten. Auch alle größeren Consulting-Firmen haben eine Analytics-Abteilung, in der Data Scientisten arbeiten. Es gibt aber auch Freelancer, die für bestimmte Projekte in eine Firma kommen. Dabei handelt es sich um zeitlich beschränkte Projekte wie den Aufbau einer Data-Science-Infrastruktur oder die Lösung und Umsetzung eines konkreten Problems. Häufig muss erst einmal die Kompetenz in einer Firma aufgebaut werden, und Freelancer können diese Zeit überbrücken.

Das Arbeitsumfeld ist so vielfältig wie die Anzahl an Unternehmen. Die Teamgröße variiert vom Einzelkämpfer bis zu 500 Kollegen bei den ganz großen Tech-Firmen. Der Einzelkämpfer in einem Start-up ist ein Allrounder, der quasi alles machen muss, was für das Projekt erforderlich ist. Dafür hat der Data Scientist dort viele Freiheiten und kann unabhängig agieren. Auch manche der größeren Firmen haben nur eine Handvoll Data Scientisten. Sie möchten zu-

H. Aust, *Das Zeitalter der Daten*, https://doi.org/10.1007/978-3-662-62336-7_5

nächst Erfahrungen sammeln, wie nützlich deren Arbeit überhaupt ist und ob sich die nicht unerheblichen Investitionen in Personalkosten rentieren. Meist haben etablierte Abteilungen, insbesondere die IT-Abteilung, Vorbehalte, sodass viel Überzeugungsarbeit geleistet werden muss. In den Silicon-Valley-Firmen ist der Stellenwert von Data Scientisten ein ganz anderer. Dort sind die Data Scientisten spezialisiert auf die einzelnen Teilbereiche. So beschäftigen sich einige nur mit der Optimierung von neuronalen Netzen, welche im Bereich *Natural Language Processing*, also der Verarbeitung natürlicher Sprache, eingesetzt werden. Andere sind spezialisiert auf Analysen von Geodaten.

Ein Data Scientist hat vielfältige Aufgaben. Das wurde schon in Kap. 1 mit der Definition deutlich, dass Data Scientisten menschliche Probleme in durch Computer verstehbare Probleme übersetzen und diese dann lösen.

Die Arbeit ist meist projektbasiert und häufig abteilungsübergreifend. Wie Unternehmen unterschiedlichste Organigramme und Hierarchieebenen haben, so sind auch Data Scientisten ganz unterschiedlich in den Unternehmen vertreten. Sofern das Data Science Team aus mehr als einer Person besteht, ist es meist eine eigene Abteilung, die direkt unter dem Management hängt. Das Data Science Team ist dazu da, andere Abteilungen und auch das Management zu unterstützen (Abb. 5.1). Wie eine solche Hilfe aussehen kann und dass es sich auch wirklich um Unterstützung handelt, ist den anderen Abteilungen gerade am Anfang noch nicht klar. Daher muss zuerst Vertrauen aufgebaut werden, z. B. durch kleinere Projekte mit schnellen Resultaten. Ist das Data Science Team erst einmal etabliert, können sie sich vor Projektaufträgen meist kaum noch retten.

Die Art der Projekte lässt sich in zwei grundlegend verschiedene Richtungen einteilen, die sich auf den Kundenkreis beziehen: intern und extern. Interne Projekte haben also das eigene Unternehmen im Blick. Häufig sind das

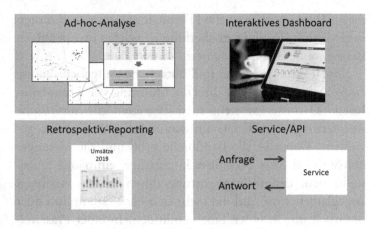

Abb. 5.1 Verschiedene Anwendungen von Data Science

Analyseprojekte, die die Entscheidungsfindung unterstützen. Je nach Größe der Unternehmen können es auch ausgereifte Produkte sein, die aber eben nur intern verwendet werden. So baut das Data Science Team vielleicht ein Software-Tool, das die Verteilung des Marketing-Budgets optimiert, indem verschiedene Szenarien durchgespielt werden. Externe Projekte sind auf den Einsatz beim Kunden ausgerichtet. Wenn Facebook beispielsweise ein neues, datengetriebenes Feature wie die automatische Gesichtserkennung einführt oder ein Logistikunternehmen seine Routenplanung auf maschinelles Lernen umstellt, dann sind die Algorithmen dahinter wahrscheinlich von der Data-Science-Abteilung entwickelt worden. Allerdings ist solch ein Eingriff in das operative Geschäft mit zusätzlichen Anforderungen an Stabilität, Rechenkapazität etc. verbunden, sodass das nur in enger Zusammenarbeit mit der IT-Abteilung umsetzbar ist. Tatsächlich ist es wegen dieser Komplexität häufig so, dass die Data-Science-Abteilung einen Prototyp entwickelt, welcher dann zusammen mit der IT-Abteilung in einem Pilotprojekt im echten Betrieb getestet wird. Es wird also ein Proof of Concept gemacht. Nach Bestehen dieses Tests übernimmt die IT-Abteilung, um den Prototyp in ein stabiles Produkt zu überführen, welches im operativen Betrieb ohne Risiken eingesetzt werden kann.

Eine Kernkompetenz und alltägliche Aufgabenstellung eines Data Scientists ist die Durchführung von **Datenanalysen**. Darunter versteht man allgemein die statistische Auswertung von Daten, um daraus Informationen zu gewinnen. Dabei ist die Bandbreite groß und die Herangehensweise ebenso. So gibt es kurzfristige, einmalige Fragestellungen, deren Beantwortung durch Ad-hoc-Analysen angegangen wird und die meist in einer Präsentation oder eventuell nur in einer Tabelle münden. In einer Präsentation werden zum Beispiel Daten mittels Charts visualisiert, um einen schnellen Überblick über die Entwicklung der letzten Jahre zu gewinnen. In einer anderen Präsentation geht die Analyse in die Tiefe, um Handlungsempfehlungen abzuleiten und deren Nutzen zu belegen.

Obwohl es sich um „einmalige" Analysen handelt, stellt sich im Nachhinein heraus, dass eine Aktualisierung mit den neuesten Zahlen sinnvoll wäre. Die Frage, ob man schnell die Präsentation auf den neuesten Stand bringen könnte, kommt mit Sicherheit. Daher sind **Reproduzierbarkeit** und Nachvollziehbarkeit der Programmierung neben der korrekten Anwendung der statistischen Methoden entscheidende Merkmale einer guten Analyse [1]. In der Softwareentwicklung gibt es den Spruch, dass Code häufiger gelesen als geschrieben wird.

Ist eine Analyse von Anfang an auf Wiederholung ausgelegt, dann spricht man von Berichten oder Reportings, wenn es sich um statische Formate wie eine PDF-Datei handelt. Möglich sind aber auch interaktive Dashboards, bei der der Nutzer die Daten nach seinen Interessen filtern, Kennzahlen auswählen und grafisch darstellen kann oder eigene Dashboards erstellt.

In beiden Fällen sollte die Erstellung so weit wie möglich automatisiert werden, damit die wertvolle Zeit nicht mit der Durchführung der immer gleichen Schritte verschwendet wird. Es muss also eine Datenpipeline aufgebaut werden von den Datenquellen über die Analyseschritte bis hin zur Ausgabe, sei es nun als Grafik, Tabelle, mehrseitiger Bericht oder interaktives Dashboard.

Ein weiteres Aufgabengebiet, welches eher im Teilgebiet des maschinellen Lernens angesiedelt ist, ist die Bereitstellung von Services. Lassen Sie mich zurückkommen auf die Eisverkaufprognose (Kap. 3). Der Algorithmus berechnet anhand der Wettervorhersage die Menge Eiscreme, die der Eisverkäufer im Eiswagen mitführen sollte. Der Eisverkäufer hat schon eine App im Einsatz, um sich anzumelden, seinen Einsatzort zu tracken usw. Diese App wollen wir nun um unsere Prognose erweitern. Dazu stellen wir einen Internetservice auf einem unserer Server zur Verfügung. Dann wird die App so erweitert, dass diese dem Internetservice die Nummer des Eiswagens übergibt und der Internetservice ihr daraufhin die prognostizierte Menge zurückgibt. Der Algorithmus muss also nicht in die App eingebaut werden, sondern läuft gut wartbar und deutlich schneller auf einem Server. Es wird nur ein Abrufservice gebaut, damit man von außen darauf zugreifen kann.

Alle Projekte, so groß sie auch erscheinen, lassen sich zum Glück in einzelne Schritte zerlegen. Die typischen Schritte eines Data-Science-Projekts werden mit dem Akronym **OSEMN** zusammengefasst, welches für die folgenden 5 Schritte steht [2]:

- **O**btain = Data Import – Daten gewinnen
- **S**crub = Data Cleaning – Daten säubern
- **E**xplore = Daten erforschen
- **M**odel = Daten modellierung
- i**N**terpret = Daten interpretieren

Die Abfolge dieser Schritte ist nicht unbedingt geordnet. Es gibt ein ständiges Hin und Her. Bemerkt man in der Explorationsphase, dass weitere Daten benötigt werden, springt man wieder zu Schritt 1. Liefert das Modell keine vernünftige Vorhersage, liegt es vielleicht an unsauberen Daten, die zu viele Ausreißer enthalten.

Es gibt verschiedene Vorschläge zur Strukturierung der Vorgehensweise, insbesondere aus bereits länger existierenden Disziplinen wie Statistical Computing und Data Mining [3].

5.1   Data Import: Die Qual der Quellen

Gehen wir mal davon aus, dass wir schon wissen, welche Daten wir für unsere Aufgabe benötigen, und dass diese Daten schon irgendwo vorhanden sind. Das sind zwei recht starke Annahmen. Häufig entdeckt man nämlich erst im Analyseprozess, welche Daten geeignet sind. In der Forschung müssen die Daten meist zuerst gesammelt werden, in Unternehmen hingegen wird normalerweise auf bestehende Daten zurückgegriffen.

Daten sind leider nicht einfach Daten. Alle Daten benötigen eine gewisse Struktur und Verpackung und diese variieren leider stark. Man glaubt nicht, in wie vielen Systemen und Formaten Daten vorliegen können. Wenn ein Unternehmen mehrere unabhängige Regionalzentren oder ein anderes übernommen hat, kann man davon ausgehen, dass die IT-Infrastrukturen völlig verschieden sind.

Der erste Schritt eines Data-Science-Projekts ist also das Importieren von Daten. Geht es um eine einmalige Analyse, genügt vielleicht ein manueller Abzug der Daten. In den meisten Fällen geht es aber um kontinuierliche Aktualisierungen, d. h., es muss eine Pipeline von den Datenquellen zur Analyseplattform aufgebaut werden. Das ist eine Aufgabe, die typischerweise ein Data Engineer übernimmt. Bei kleinen Unternehmen oder „einfachen" Pipelines macht aber auch das der Data Scientist.

Angenommen, wir wollen ein tägliches Update aus einer Datenbank. Dabei muss beachtet werden, dass alles stabil läuft, also dass z. B. eine aufwendige Abfrage nicht das Quellsystem lahmlegt. So darf ein Klinikinformationssystem, in dem Patienten-, OP- und viele weitere Daten gespeichert sind, natürlich nicht darunter leiden. Daher werden nur einfache Datenabzüge gemacht, die dann in einem anderen System weiterverarbeitet werden. Auch erfolgen diese Datenabzüge zu Zeiten, in denen wenig Last auf den Systemen ist, also meistens nachts. Zudem will man natürlich nicht immer alle vorhandenen Daten holen, sondern nur die jeweils neuen bzw. veränderten. Das ist viel effizienter und bei größeren Datenmengen auch unbedingt nötig. Man spricht dann von einem *Delta Load* (im Gegensatz zu einem *Full Load*, Abb. 5.2). Die Identifizierung der neuen oder veränderten Daten erfolgt meist über einen Zeitstempel, der belegt, wann die Daten in das System eingetragen bzw. verändert wurden. Dann muss man nur schauen, was der letzte Zeitstempel der letzten Abholung war und holt alles, was später passiert ist.

Welche Arten von Datenquellen gibt es überhaupt? Nachdem Daten produziert werden, zum Beispiel durch Sensoren oder menschliche Eingabe, werden sie in Datenbanksystemen oder Dateien gespeichert. Spitzfindige können behaupten, dass das Dateisystem ebenfalls ein Datenbanksystem ist und umgekehrt ein Datenbanksystem auch aus Dateien besteht. Der Umgang mit Datenbanksystemen gehört also für einen Data Scientisten zu den benötigten Fähigkeiten. Manchmal hat man aber keinen direkten

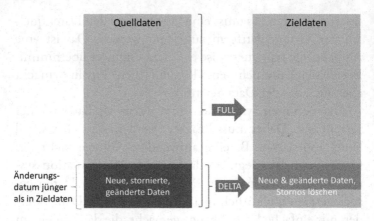

Abb. 5.2 Full Load und Delta Load

Zugriff auf die Systeme, weil die Daten bei einem anderen Unternehmen liegen, zum Beispiel die Wettervorhersage-Daten. Dieses Unternehmen bietet dann einen Service an (Schnittstelle oder API genannt) und erlaubt, eine Datenanfrage zu schicken und das Ergebnis abzuholen. Vielleicht möchte das Unternehmen aber die Daten nur auf seiner Webseite darstellen, wie zum Beispiel ein Onlineshop die Preise seiner Produkte. Auch dafür gibt es Möglichkeiten, die Daten von Webseiten zu extrahieren und in nutzbarer Form zu speichern. Diese Technik nennt man **Web Scraping**.

> Daten liegen entweder in Datenbanken oder Dateien vor. Der Zugriff darauf erfolgt entweder direkt oder über definierte Schnittstellen.
>
> Web Scraping erlaubt es, Daten von Internetseiten zu extrahieren.

5.1.1 Datenbanken

Datenbanken sind in fast jedem Unternehmen im Einsatz und ermöglichen das systematische Speichern und Abrufen von Daten. Die Entwicklung geht zurück auf die 1960er-Jahre. Dahinter steht die Idee, die Daten von der Software zu trennen. Dateien sind häufig spezifisch auf ein Programm zugeschnitten und dementsprechend sind die Inhalte nur schwer in andere Programme zu übertragen. Datenbanken lösen das Problem, indem sie einen Datenspeicher zur Verfügung stellen und eine Sprache, mit der die Daten verwaltet werden können,.

Demnach bestehen Datenbanksysteme aus der eigentlichen Datenbasis und einer Verwaltungssoftware. Man unterscheidet im Wesentlichen zwei Typen. Der seit den 1980er-Jahren vorherrschende Datenbanktyp ist eine relationale Datenbank mit der Abfragesprache SQL. Die andere Klasse sind die sogenannten NoSQL-Datenbanken, welche sich wiederum in verschiedene Unterkategorien unterteilen lassen. NoSQL steht nicht für „no SQL", sondern für „not only SQL". Der Begriff wurde 2009 im Rahmen eines Meetups erstmalig verwendet, um über verschiedene nicht relationale Datenbanksysteme zu diskutieren [4]. Daraus hat sich der Trend „Big Data mit NoSQL-Datenbanken" entwickelt. Die hinter diesem Sammelbegriff zusammengefassten, sehr verschiedenen Datenbankkonzepte sind schon seit Längerem bekannt, erfahren aber durch Big Data sinnvolle Anwendungsmöglichkeiten [5].

Häufig werden Datenbanken auch in eine Software eingebettet, sodass ein direkter Zugriff auf die Datenbank nur über die Software möglich ist.

Relationale Datenbanken

Eine **relationale Datenbank** ist vereinfacht gesagt nur eine Ansammlung von Tabellen (Abb. 5.3). Eine Tabelle besteht aus Zeilen und Spalten. Die Anzahl der Spalten einer Tabelle muss man am Anfang festlegen. Jede Spalte hat einen bestimmten Datentyp wie Zahl, Datum oder Zeichenkette. Die Anzahl der Zeilen ist nicht festgelegt und so kann eine Tabelle sehr lang werden. In der mathematischen Beschreibung, die Edgar F. Codd 1970 veröffentlichte, entspricht eine Tabelle einer Relation, daher der Name [6]. Nach Codd hat ein Datenbankmodell drei Eigenschaften:

1. Beschreibung der Struktur, also der Tabellen und deren Spalten
2. Menge von Operatoren auf dieser Struktur, z. B. um Daten einzufügen, zu löschen oder zu verändern

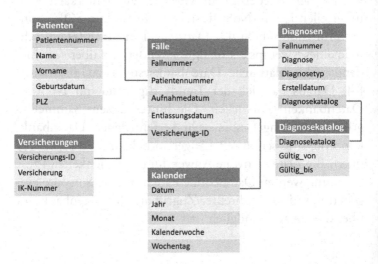

Abb. 5.3 Beispiele für Tabellen in einer relationalen Datenbank

3. Menge von Integritätsbedingungen, d. h. Einschränkungen, die dafür sorgen, dass einige Fehler schon beim Schreiben der Daten ausgeschlossen werden. So kann gefordert werden, dass manche Attribute vorhanden sein müssen oder Duplikate (z. B. einer Kundennummer) nicht erlaubt sind.

Transaktionen, d. h. das Einfügen, Verändern oder Löschen von Daten, sollten in der Regel einige Eigenschaften erfüllen. Diese sind unter der Abkürzung AKID (engl. *ACID*) zusammengefasst

A = Atomarität
Hierunter versteht man das Alles-oder-nichts-Prinzip. Eine Transaktion wird entweder als Ganzes ausgeführt oder gar nicht (wenn Fehler auftreten). Eine Transaktion besteht aus mehreren Schritten. Diese werden zwar nacheinander ausgeführt, aber erst am Ende freigegeben, wenn alles geklappt hat. Das ermöglicht es, durch ein sogenanntes *Rollback* den Zustand vor der Transaktion wieder herzustellen

K = Konsistenz
Konsistenz bedeutet, dass bei einer Transaktion die Integritätsbedingungen nicht verletzt werden dürfen. Ansonsten wird die Transaktion nicht ausgeführt.

I = Isolation
Mit Isolation meint man, dass sich gleichzeitig laufende Transaktionen nicht gegenseitig beeinflussen oder blockieren. Daher wird bei der Transaktion der Zugriff durch andere gesperrt.

D = Dauerhaftigkeit
Wie der Name sagt, sollen die Daten nach dem Abschluss einer Transaktion dauerhaft gespeichert sein.

Auch wenn relationale Datenbanken im Prinzip nur aus Tabellen bestehen, ist deren Management-Software heutzutage sehr ausgeklügelt. Viele Weiterentwicklungen haben mit der Performance zu tun. Die Anforderungen bezüglich Datenvolumen und Geschwindigkeit steigen ständig. So werden zum Beispiel verschiedene Caching-Techniken eingesetzt, also Zwischenspeicher, um schnellen Zugriff auf die Daten zu ermöglichen.

NoSQL-Datenbanken hingegen haben als grundlegende Datenstruktur statt Tabellen andere Formen, zum Beispiel Dokumente, Schlüssel-Wert-Paare oder Graphen. Anhand dieser Datenstrukturen werden die verschiedenen NoSQL-Datenbanktypen unterteilt.

Den NoSQL-Datenbanken ist gemeinsam, dass sie im Gegensatz zu relationalen Datenbanken gut horizontal skalieren. Dass bedeutet, dass man einen weiteren Computer hinzunehmen kann, um die Leistung zu erhöhen. Dieser Prozess ist fast beliebig skalierbar und unterbrechungsfrei möglich. Im Gegensatz dazu bedeutet die vertikale Skalierung, dass ein Computer mehr Ressourcen erhält, z. B. Arbeitsspeicher. Der vertikalen Skalierung sind jedoch Hardware-Grenzen gesetzt. Zudem fällt in der Nachrüstzeit der Computer aus.

Auf der anderen Seite verzichten NoSQL-Datenbanken meist auf die AKID-Eigenschaften. Sie sind daher beim Schreiben schneller, allerdings auf Kosten der Konsistenz.

Key-value stores – einfach und praktisch

Bei **Key-value stores** (dt. Schlüssel-Werte-Datenbank) besteht ein Eintrag aus einem Schlüssel (key) mit zugeordnetem Wert (value). Der Schlüssel muss natürlich eindeutig sein – wie bei einem Buchindex, bei dem zu einem Schlagwort die Seitenzahl verzeichnet ist (Tab. 5.1).

Tab. 5.1 Ein Eintrag in einem Key-value store

Key	Value
KundenID	12345678
E-Mail	max@mustermann.de
Vorname	Max
Nachname	Mustermann
Alter	35

Natürlich könnte man auch eine Tabelle mit zwei Spalten in einer relationalen Datenbank dafür verwenden. Key-value stores sind jedoch schneller, insbesondere beim Schreibzugriff, und das auf normaler Hardware. Daher benutzen viele Anwendungen, bei denen diese einfache Datenstruktur genügt und es auf Geschwindigkeit ankommt, diesen Datenbanktyp. Ein prominentes Beispiel ist Pinterest, ein soziales Netzwerk für Bilder und Fotos. Dort werden z. B. für jeden Nutzer sowohl eine Liste der Follower als auch die Liste der User, denen man selbst folgt, in einem Key-value store gespeichert [7]. Auch in Ranglisten von Computerspielen oder zur Verwaltung von User Sessions auf Webseiten wird meist diese Art von Datenbanken eingesetzt.

Dokumentenorientierte Datenbanken

Dokumentenorientierte Datenbanken, im Englischen *document stores*, haben – wie der Name sagt – Dokumente als grundlegende Datenstruktur. Das Dokument kann im Prinzip eine beliebige Datei sein, also ein Office-Dokument, eine Bilder-, Video- oder Daten-Datei. Wichtig ist, dass jedes Dokument einen eindeutigen Schlüssel hat. Im Prinzip ist das wie ein key-value store, nur dass statt des Werts ein ganzes Dokument am Schlüssel hängt.

Häufig liegen die Daten in semistrukturierter Form vor, dazu wird meist das JSON- oder XML-Format verwendet.

Das JSON-Format ist hierarchisch aufgebaut. Jedes Objekt besteht aus Schlüsselwörtern, denen dann Zahlen, Zeichenketten, boolesche Werte (true/false) oder Listen folgen. Auch hier liegt wieder die Grundstruktur key-value vor, nur eben verschachtelt [8].

```json
{
    "Kunden": [
            "ID": 12345,
            "Vorname": "Alice",
            "Name": "im Wunderland",
            "Alter": 22,
            "KundeSeit": "1999-12-24"
        },
        {
            "ID": 12346,
            "Vorname": "Bob",
            "Name": "Andrews",
            "KundeSeit": "2018-01-01",
            "Kaeufe": [22.99, 13.56, 99.89]
        }
    ]
    "Filialen:" [
        {
            "Name": "F1",
            "Umsatz": 1234.56,
            "TOPFiliale": false
        },
        {
            "Name": "F2",
            "Umsatz": 2345.67,
            "TOPFiliale": false
        },
        {
```

```
      "Name": "F3",
      "Umsatz": 3456.78,
      "TOPFiliale": true
    }
  ]
  "Datum": "2019-11-02"
}
```

Die Verschachtelung ist sehr flexibel, d. h., nicht bei jedem Objekt muss jeder Schlüssel vorhanden sein. Das macht Änderungen im Datenmodell einfach. Im Beispiel wurden die Kundeninformationen umgestellt, sodass bei neuen Kunden kein Alter mehr gespeichert wird, dafür aber die Größe der getätigten Käufe.

Generell werden dokumentenorientierte Datenbanken verwendet, wenn die Daten wenig strukturiert sind, also besser in das flexible JSON-Format als in Tabellen passen. Zudem sollten sie wenige Beziehungen untereinander aufweisen bzw. diese Beziehungen interessieren nicht sonderlich.

Graphdatenbanken

Graphdatenbanken haben Graphen als grundlegende Datenstruktur. Ein Graph besteht aus Knoten sowie den Kanten, den Verbindungen zwischen den Knoten (Abb. 5.4). Knoten könnten zum Beispiel Personen und Gruppen sein und die Kante repräsentiert die Beziehung zwischen diesen.
Hier drängen sich als Anwendungsfall die sozialen Netze auf, bei denen es genau um solche Informationen geht wie „Welche Personen sind die Freunde meiner Freunde?" Prinzipiell werden Graphdatenbanken verwendet, wenn die Informationen, die man speichern möchte, wie ein Graph

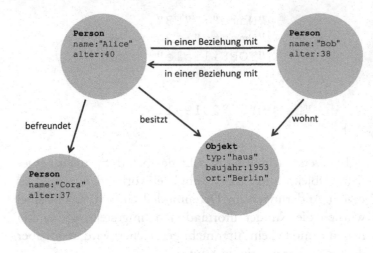

Abb. 5.4 Beispiel für einen Graphen

aussehen. Sinnvoll sind sie aber auch, wenn man aus der Datenbank mehrstufige Beziehungen extrahieren möchte, die in einer relationalen Datenbank über mehrere Tabellen verteilt sind, z. B. welche Filiale in der Nähe des Users liegt, aktuell geöffnet und einen gewissen Artikel vorrätig hat, der dem Nutzer empfohlen wurde.

Spaltenorientierte Datenbanken

Spaltenorientierte Datenbanken (Tab. 5.3) speichern Tabellen spaltenweise ab, im Gegensatz zur zeilenweisen Speicherung (Tab. 5.2) bei relationalen Datenbanken. Da eine Spalte nur einen Datentyp besitzt, z. B. ganze Zahlen, ist das Speichern deutlich effizienter.

Der Vorteil liegt im schnelleren Schreiben von Daten, denn es kann parallel erfolgen. Die vier Spalten aus unserem Beispiel könnten auf vier unterschiedlichen Festplatten

Tab. 5.2 Zeilenweise Speicherung (relationale Datenbank)

Name	Vorname	Alter	PLZ
Mustermann	Max	35	53173
im Wunderland	Alice	12	99999

Tab. 5.3 Spaltenweise Speicherung

Name	„Mustermann"; „im Wunderland"
Vorname	„Max"; „Alice"
Alter	35; 12
PLZ	53173; 99999

liegen, auf die gleichzeitig zugegriffen werden kann. Das Ändern oder Löschen ist allerdings deutlich aufwendiger, da dies über die unterschiedlichen Speicherorte der Spalten koordiniert werden muss. Diese Kombination aus schnellem Schreiben und möglichst wenigen Änderungen macht spaltenorientierte Datenbanken prädestiniert für IoT-Daten, z. B. von Temperatursensoren: Wenn die Temperatur einmal zu einem Zeitpunkt von einem Sensor erfasst wurde, soll sie gespeichert werden, aber Änderungen passieren nicht mehr. Eine weitere Anwendung ist das Speichern von Server-Statusberichten, sogenannten Log-Einträgen, welche dieselbe Charakteristik aufweisen.

5.1.2 Dateien

Viele Informationen liegen als Dateien vor. Das hat vor allem den Grund, dass Dateien sehr praktisch für den Austausch sind – seien es firmenintern die Planzahlen als Tabelle, Berichte als Text oder Präsentationen als Foliensatz. Ein großer Wissensschatz liegt in den unzähligen akademischen Publikationen, welche meist im PDF-Format vorliegen. Viele Datensätze von Behörden wie dem statistischen

Bundesamt oder von Forschungseinrichtungen stehen im Internet als CSV-Dateien zum Download bereit.

CSV steht für *comma separated values* und ist ein allgemeines Dateiformat, um Tabellen zu speichern. In der ersten Zeile stehen meist die Spaltennamen, darunter dann die Werte, getrennt durch ein Komma. Auch andere Trennzeichen sind möglich; in Deutschland ist das Semikolon üblicher, damit es keine Verwechslung des Trennzeichens mit dem Komma bei Dezimalzahlen gibt.

```
Vorname;Nachname;Alter;PLZ
"Max";"Mustermann";23,53173
"Alice";"im Wunderland";12;87432
```

Man möchte es kaum glauben, auf welche möglichen und unmöglichen Formate man in Unternehmen sonst noch stößt. Meist sind es Dateien, die in veralteten, schwierig auszulesenden Formaten auf einer Festplatte liegen, aber weiter genutzt werden sollen und daher für die aktuelle Analyse importiert werden müssen.

5.1.3 Services und APIs

Statt direkt auf Dateien oder Datenbanken zuzugreifen, kann der Zugriff gekapselt werden. Das heißt, dass man eine Anfrage über eine Schnittstelle sendet und die Daten zurückgeliefert werden. Allgemein nennt man eine Schnittstelle, welche in der Programmierung verwendet wird, **API** (Abkürzung für *application programming interface*). Die Anwendungen von APIs ist vielfältig und aus der Programmierung nicht mehr wegzudenken, da sie einen kontrollierten Austausch zwischen zwei Programmen oder auch Hierarchieebenen ermöglichen. So gibt es eine API zur Kommu-

nikation einer Anwendung mit dem Betriebssystem, um
z. B. Dateien lesen zu können.

Im Bereich Data Science meinen wir damit aber meist
einen Webservice, also eine Schnittstelle über Rechner-
netze, insbesondere das Internet. Eine weit verbreitete
Schnittstelle bei Webservices ist die sogenannte REST- oder
RESTful-API. **REST** steht dabei für *representational state
transfer* und basiert auf dem WWW-Standard http [9].

Viele alltägliche Abfragen im Internet laufen über eine
RESTful-API. Eine Abfrage wird nämlich einfach über
eine URL gesteuert. So bietet die Stadt Bonn beispielsweise Echtzeitdaten zu den Ladesäulen für Elektro-Autos
unter der URL https://new-poi.chargecloud.de/bonn an.
Das Rückgabeformat ist JSON, welches wir schon in
Abschn. 5.1.1.3 über die dokumentbasierten Datenbanken kennengelernt haben. Man kann z. B. die Wettervorhersage von London über die API von openweathermap
mittels   https://samples.openweathermap.org/data/2.5/
weather?q=London,uk&appid=b6907d289e10d714a6e8
8b30761fae22 erhalten (Abschn. 3.1.4). Dabei sehen wir
in der URL zwei Parameter. Mit *q=London,uk* gibt man
den Ort an, mit *appid=...* übergibt man den sogenannten API-Schlüssel. Um Letzteren zu erhalten, muss man
sich bei dem entsprechenden Anbieter registrieren. Damit werden Missbrauch und zu häufige Abfragen, die
z. B. Server lahmlegen können, vorgebeugt. Es ist aber
auch eine Möglichkeit, mit dem Service Geld zu verdie-
nen, indem ein API-Schlüssel nur gegen eine Gebühr
vergeben wird.

Mittlerweile bieten viele große Anbieter wie Google,
Facebook, Twitter und Microsoft eigene REST-APIs an, um
die Daten auszulesen, aber auch, um z. B. Beiträge zu pos-
ten. Man kann also ein Computerprogramm schreiben,

welches zu einer gewissen Zeit einen Beitrag auf Twitter postet, indem man die entsprechende API benutzt.

5.1.4 Internetseiten

Wenn Daten nur auf einer Webseite verfügbar sind und man nicht durch eine API darauf zugreifen kann, dann bleibt einem noch die Möglichkeit des **Web Scraping**. Darunter versteht man einen automatischen, zweigeteilten Prozess. Zuerst werden die Website-Inhalte heruntergeladen und dann werden diese analysiert, um die interessanten Informationen herauszusuchen.

Nehmen wir als Beispiel die Preise gewisser Artikel eines Onlineshops im Zeitverlauf. Dann müssten wir ein Programm schreiben, das täglich die Seite der Artikel herunterlädt, und daraus den Preis extrahieren. Diesen schreiben wir mit der Artikelbezeichnung und einem Datum in eine Datenbank. Aus solchen Daten lassen sich dann interessante Analysen anfertigen, z. B. wenn man wissen will, wann ein Konkurrent die Preise senkt.

5.2   Data Cleaning: Nur saubere Daten sind gute Daten

Sind die benötigten Datenquellen angebunden, kann man leider nicht gleich mit den Analysen beginnen. Zunächst müssen die Daten plausibilisiert und gesäubert werden.

Bei Analysen gilt das Prinzip „Garbage in, garbage out" (Abschn. 4.1.1). Es nützt das beste statistische Modell nichts, wenn die Daten, die hineingekippt werden, nicht stimmen.

Wie können überhaupt unplausible Werte entstehen? Nun, wenn Werte oder Texte von Menschen eingegeben wurden, dann passieren immer wieder Fehler. Seien es Zahlendreher, Tippfehler oder Doppeleingaben. Vielleicht wurden Werte auch in der falschen Einheit angegeben, also zum Beispiel die Körpergröße in Zentimetern statt Metern. Eher selten entstehen falsche Werte durch die Datenübertragung, aber natürlich können auch Sensoren fehlerhafte Werte messen.

Es geht aber nicht nur um Mess- oder Eingabefehler, sondern allgemein um unplausible Werte bzw. Anomalien, die für Analysen nicht relevant sind: Soll wirklich das Verhalten aller Onlineshop-Benutzer in die Algorithmen einfließen oder ist es nicht geschickter, die 1 % mit besonders kurzer Verweildauer oder anderem ungewöhnlichen Verhalten auszuschließen?

Auch verschiedene Messgeräte können zu Abweichungen führen, die dann Probleme bei der Analyse bereiten. So ist die Messgenauigkeit bei neueren Maschinen in der Regel besser als bei älteren. Ein interessantes Beispiel lieferte ein Unternehmen, bei dem zwei Typen von Maschinen zur Temperaturmessung im Einsatz waren. Das neuere Modell nahm alle 10 Sekunden Werte auf. Das ältere Modell maß nur alle 60 Sekunden, aber gab ebenfalls Daten auf 10-Sekunden-Basis aus, indem es zwischen den Werten linear interpolierte (Abb. 5.5). Da man sich dessen nicht bewusst war, funktionierten die Berechnungsmodelle nicht gut. Erst bei der Ursachenforschung entdeckte man das Problem und konnte getrennte Modelle für die beiden Typen entwickeln.

In einer Dimension, wie in unserem Beispiel, ist das visuell noch gut zu erfassen. Haben wir aber Hunderte von Attributen, die sich auch noch gegenseitig bedingen, dann sind solche Anomalien schwierig zu erkennen.

Nachdem man das Problem identifiziert hat, muss man sich allerdings noch entscheiden, wie man damit umgeht.

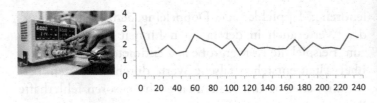

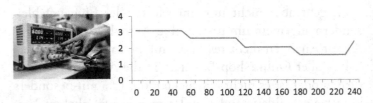

Abb. 5.5 Temperaturkurven von zwei Messgeräten

5.2.1 Löschen des zugehörigen Datensatzes

Können wir den zugehörigen Datensatz einfach löschen? Das geht eventuell, wenn unser Datensatz genügend groß ist. Es besteht allerdings die Gefahr, dass dadurch Verzerrungen entstehen – wenn nämlich die Ausreißer oder fehlende Werte nicht zufällig entstanden sind, sondern systematisch. Das ist häufig bei Datenerfassung über Fragebögen der Fall, wenn zum Beispiel besonders hohe Einkommen nicht angegeben werden.

Solche systematischen Abweichungen können aber auch technischer Natur sein, wenn zum Beispiel ein Sensor bei niedrigen Temperaturen nicht zuverlässig funktioniert.

5.2.2 Korrektur der unplausiblen Werte

Können die unplausiblen Werte korrigiert werden? In dem Beispiel mit der Körpergröße, welche mal in cm und mal in m angegeben wurden (Tab. 4.1), würde das funktionieren.

Auch Tippfehler können durch den Einsatz von Lexika oder Worttabellen korrigiert oder wenigstens reduziert werden.

Allerdings sollte das Korrigieren automatisch erfolgen. Die Datenmengen sind in der Regel groß bzw. werden auch häufig aktualisiert, sodass eine manuelle Korrektur unmöglich ist.

Also braucht man einen Regelsatz. Bei den Körpergrößen könnten diese so aussehen, dass Werte zwischen 1,00 und 2,20 mit 100 multipliziert werden, um den fälschlicherweise in Metern eingegeben Wert in den Wert für Zentimeter umzuwandeln.

5.2.3 Rekonstruktion durch Imputation

Es gibt auch statistische Methoden, um die Werte zu rekonstruieren. Diese Verfahren nennt man *Imputation*. Das einfachste, häufig angewendete, aber leider für die meisten Situationen nicht geeignete Verfahren ist die Ersetzung durch den Mittelwert oder Median. Das Problem ist, dass dadurch die Streuung kleiner wird, als sie tatsächlich ist.

Die *multiple Imputation* löst dieses Problem, indem aus einem Datensatz mehrere erzeugt werden, bei denen die fehlenden Werte aus einer passenden Verteilung zufällig gezogen werden. Das Verfahren ist jedoch relativ aufwendig und wird daher in der Praxis leider noch wenig eingesetzt [10].

5.2.4 Die Bedeutung von Data Cleaning

> Tatsächlich besteht ein großer Teil der Arbeit eines Data Scientists im Data Cleaning, denn ein sauberer Datensatz ist essenziell für gute Ergebnisse.

Data Cleaning hat viele Herausforderungen. Dürfen unvollständige oder fehlerhafte Datensätze wirklich gelöscht werden? Die Antwort erfordert meist die Auseinandersetzung mit dem Datenerfassungsprozess, um zu verstehen, wie es zu den unplausiblen Werten kommt.

Zudem soll das alles im Normalfall automatisiert ablaufen. Es gibt zwar immer mal wieder einmalige Analysen, zum Beispiel medizinische Studien, bei denen man sich tatsächlich die Zeit nimmt, den Datensatz weitgehen manuell zu säubern. In der Regel beschäftigt sich der Data Scientist aber mit sich häufig aktualisierenden Datenmengen, und da muss ein Automatismus her [11].

5.2.5 Data Preparation: Die Daten in Form bringen

Neben dem Data Cleaning gibt es noch einen weiteren Vorbereitungsschritt. Manchmal wird Data Cleaning auch als Teil von Data Preparation angesehen. Bei Data Preparation geht es um die Form der Daten. Sind die Variablen vernünftig und in allen Tabellen gleich bezeichnet? Stimmt das Format? Welche Variable brauche ich in welcher Tabelle?

Die Daten kommen oft aus verschiedenen Quellen. Leider bedeutet das auch, dass die Formate häufig nicht übereinstimmen. Besonders häufig muss man sich um das Datumsformat kümmern. Liegen Datumsangaben in der deutschen Form TT.MM.JJJJ (T = Tag, M = Monat, J = Jahr), der ISO-Form JJJJ-MM-TT vor oder ganz ohne

Trennzeichen? Komplizierter wird es, wenn die Uhrzeit noch dabei ist. Dann hat man einen Zeitstempel aus Datum und Uhrzeit und benötigt für die Eindeutigkeit die Zeitzone. Lautet der Zeitstempel 2020-01-01T00:00:00Z, dann steht das Z für „zulu time", welches in der Militärsprache die koordinierte Weltzeit UTC (*coordinated universal time*) ist. Die UTC ist eine Stunde vor der mitteleuropäischen Zeit (MEZ), die in Deutschland gilt. Andere Zeitzonen erhalten statt des Z ein + oder – und die Zeitverschiebung. Der Jahreswechsel 2019/2020 war also in Deutschland 2020-01-01T00:00:00+01:00, in New York 2020-01-01T00:00:00-05:00.

Es gibt noch ein weiteres Format, mit dem einfacher zu rechnen ist, das aber für den Menschen nicht vernünftig lesbar ist: den Unix-Zeitstempel, der einfach die Anzahl Sekunden seit dem 01. Januar 1970 UTC zählt. Der Jahreswechsel 2019/2020 hatte in Deutschland den Unix-Zeitstempel 1577840400. Interessant werden wird es am 19. Januar 2038, denn dann ist mit der Zahl $2^{31}-1 = 2.147.483.647$ die Größe von 32 Bit überschritten, welche häufig zur Speicherung verwendet wird.

Querdatensatz

Kunden-ID	Name	Vorname	E-Mail
1	Schmitt	Chantal	chanti@goa.zz
2	Puccini	Mario	super@mario.zz
3	Lebeque	Henri	henri@integral.zz

Längsdatensatz

Kunden-ID	Variable	Wert
1	Name	Schmitt
1	Vorname	Chantal
1	Email	chanti@goa.zz
2	Name	Puccini
2	Vorname	Mario
2	Email	super@mario.zz
3	Name	Lebesque
3	Vorname	Henri
3	Email	henri@integral.zz

Abb. 5.6 Quer- und Längsdatensatz

Eine weitere strukturelle Frage ist, ob eine Tabelle im Lang- oder im Weitformat vorliegt und welches Format für die Weiterverarbeitung besser geeignet ist (Abb. 5.6). Das Weit- oder Querformat ist das gebräuchlichere. Dabei entspricht jede Zeile einem Datensatz und in den Spalten stehen die ganzen Variablen. Das ist intuitiv und für den Menschen gut lesbar. Nicht sehr effizient ist es, wenn man viele Variablen hat, diese aber nur in wenigen Zeilen ausgefüllt sind. Ein weiteres Problem ist es, wenn eine weitere Spalte hinzugefügt werden soll. Insbesondere bei relationalen Datenbanken muss dann die Tabellendefinition abgeändert werden, was man vermeiden sollte. Das Lang- oder Kontenformat behebt diese Nachteile, dafür ist es nicht mehr so gut lesbar und auch nicht in allen Programmen und Algorithmen ohne Weiteres einsetzbar. Es hat im Idealfall nur drei Spalten: Identifikation, Variablenname und Wert.

5.3   Data Exploration: Erste Experimente

Mit **Data Exploration** bezeichnet man das Erkunden der Daten. Das ist eigentlich ein kontinuierlicher Prozess, der bei einem Data-Science-Projekt die ganze Zeit stattfindet. Schon direkt nach dem Import schaut man sich die Daten an, um zu sehen, welche Struktur sie haben; aber auch, ob der Import überhaupt korrekt funktioniert hat, ob also alle Zeilen und Spalten im richtigen Format importiert wurden. Auch dem Data Cleaning geht eine Exploration der Daten voraus, denn man muss ja wissen, ob und was überhaupt zu säubern ist.

Man versucht, die Datenstruktur besser zu verstehen. Dabei führt man kleinere Abfragen durch, um zum Beispiel den Erfassungszeitraum und die zugehörige Vollständigkeit der Daten zu bestimmen. Beispielsweise hat man zwar Daten der letzten fünf Jahre, aber die Daten aus den ersten beiden Jahren sind lückenhaft und eigentlich nicht zu gebrauchen; oder man sieht, dass die erfassten Variablen sich zu einem Zeitpunkt grundlegend geändert haben. Eine Zuordnung ist dann nur bedingt möglich oder sehr aufwendig.

Neben den strukturellen Überprüfungen beginnt auch das Experimentieren mit den Daten. So schaut man sich mittels statistischer Kennzahlen und Grafiken an, welche Verteilung die Variablen haben und welche Zusammenhänge zwischen den Variablen bestehen.

Um die Verteilung der Werte einer Variablen zu visualisieren, verwendet man meist ein Histogramm. Dafür wird der Wertebereich in Intervalle unterteilt und anschließend gezählt, wie viele der Beobachtungen in die einzelnen Intervalle fallen. Um den Zusammenhang zwischen zwei Variablen darzustellen, ist eine Punktwolke geeignet. Jeder Punkt in der Grafik entspricht den Ausprägungen von zwei Variablen eines Datenpunkts (Abb. 5.7).

Der **Korrelationskoeffizient** ist eine Maßzahl zwischen -1 und 1, der den linearen Zusammenhang zwischen zwei Variablen misst. Es gibt verschiedene Varianten, die unterschiedliche Anforderungen an die Variable stellen (Abb. 5.8). Für

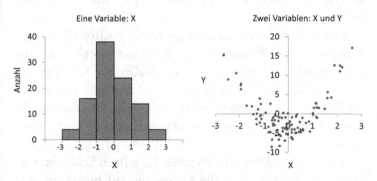

Abb. 5.7 Histogramm und Punktwolke

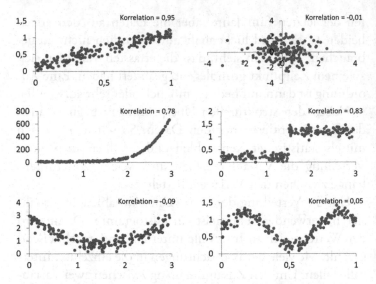

Abb. 5.8 Zusammenhänge und Korrelationskoeffizient

sogenannte Rangkorrelationskoeffizienten genügt es, wenn die Werte einer Variablen geordnet werden können. Das ist zum Beispiel bei Schulnoten oder vielen Fragen in Umfragen (sehr häufig > häufig > ab und zu > selten > nie) der Fall. Der häufig verwendete Pearson-Korrelationskoeffizient benötigt hingegen metrische Variablen, zum Beispiel Alter, Größe oder Gewicht.

1 bzw. -1 bedeutet, dass ein perfekter positiver bzw. perfekter negativer linearer Zusammenhang besteht, also die Punkte auf einer steigenden bzw. abfallenden Geraden liegen. Ein Korrelationskoeffizient von 0 bedeutet keine lineare Korrelation. Das heißt nicht zwingend, dass die Variablen überhaupt nicht zusammenhängen, nur eben nicht linear.

Analysen sind iterative Prozesse. Es geht in Schleifen vorwärts. Man schaut sich die Daten an und bekommt eine Idee, welche Analysemethoden geeignet sind. Setzt man diese um, merkt man, dass vorher noch einige Schritte gemacht werden müssen: Vielleicht muss man die Daten weiter säubern, vielleicht braucht man doch noch eine weitere Datenquelle.

5.4 Data Modeling: Den Algorithmus anwenden

Der Begriff **Data Modeling** hat zwei Bedeutungen. Im klassischen Datenbank-Kontext bedeutet Data Modeling das Erstellen einer zu den Daten passenden Datenbankstruktur. Meist erstellt man ein Diagramm, das Tabellen, zugehörige Spalten und Beziehungen dazwischen visualisiert. Solche Gedanken muss man sich zum Beispiel machen, wenn man in einem Unternehmen ein Routine-Reporting aufbauen will.

Im Bereich Data Science bedeutet Data Modeling allerdings die Auswahl der geeigneten Algorithmen und statistischen Methoden, um das Problem anzugehen. Das kann eine einfache Zusammenfassung der Daten sein, ein statistisches Standardverfahren wie die lineare Regression oder komplexe Deep Learning-Algorithmen.

Jedem Algorithmus liegen gewisse Annahmen zugrunde. Wenden wir die lineare Regression an, dann gehen wir davon aus, dass ein linearer Zusammenhang zwischen den Prädiktoren und der zu erklärenden Variablen besteht. Wollen wir Ausreißer mittels des Clustering-Algorithmus k-Means finden, dann nehmen wir an, dass der Abstand der Ausreißer von den normalen Datenpunkten bezüglich der betrachteten Attribute groß ist. Als Data Scientist muss man sich also immer die Frage stellen, ob das gewählte Modell zu den Daten passen könnte. Leider ist das meistens

nicht leicht oder auch gar nicht im Vorhinein zu beantworten.

Dabei ist das Vorgehen nicht linear, sondern ein iterati-
ver Prozess, der zwischen den Aufgaben hin- und her-

> Das Finden und Trainieren eines geeigneten Modells kann
> man in drei Teilaufgaben einteilen:
>
> 1. Feature Engineering: Die Kombination, Zusammenfas-
>   sung oder andere Transformation der ursprünglichen
>   Daten, mit denen das Modell gefüttert wird
> 2. Model Training: Das eigentliche Trainieren des Modells
>   und Optimierung der Parameter
> 3. Model Evaluation: Die Beurteilung, wie gut der Algorith-
>   mus abgeschnitten hat

springt. So muss schon während des Trainings das Modell
evaluiert werden, damit eine Optimierung überhaupt stattfinden kann.

Diese Schritte spiegeln das Vorgehen im maschinellen
Lernen wider. Führt man hingegen eine einmalige statistische Analyse durch, zum Beispiel zu einer Kundenbefra-
gung, dann ist das Vorgehen zwar ähnlich – schließlich
kommt das maschinelle Lernen aus der statistischen Analyse –, aber es gibt doch ein paar Unterschiede. Im Wesentlichen ist die Fragestellung eine andere. Bei einer statistischen Analyse geht es um die einmalige Auswertung eines
Datensatzes mit dem Ziel, Erkenntnisse zu gewinnen. Im
maschinellen Lernen wird zwar auch ein Datensatz ausgewertet, aber mit dem Ziel, später neue Daten in den Algorithmus zu füttern.

5.4.1 Feature Engineering: Die Wahl der Attribute

Feature Engineering bedeutet im Prinzip, geeignete Inputs für den folgenden Algorithmus bereitzustellen. Dazu werden die bestehenden Attribute transformiert. Solche Transformationen können sehr unterschiedlich aussehen.

Vielleicht genügt es schon, die Attribute zu standardisieren, d. h. die Ausprägungen so zu transformieren, dass der Mittelwert 0 und die Streuung 1 ist. Man spricht von **Studentisierung**, benannt nach dem Statistiker William Gosset, der seine Forschungsarbeiten unter dem Pseudonym Student veröffentlichte. Sein Arbeitgeber, die Guiness-Brauerei, hatte den Angestellten verboten zu publizieren, da ein anderer Wissenschaftler Betriebsgeheimnisse veröffentlicht hatte.

Für die Studentisierung wird von den Werten zunächst der Mittelwert abgezogen und anschließend durch die Standardabweichung geteilt (Abb. 5.9).

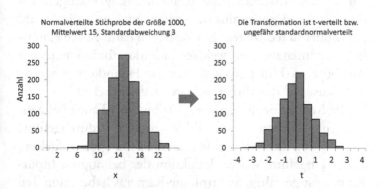

Abb. 5.9 Studentisierung einer Verteilung

$$z_i = \frac{x_i - \overline{x}}{\overline{\sigma}} \text{ mit } \overline{x} = \frac{x_1 + \ldots + x_n}{n} \text{ und } \overline{\sigma}$$

$$= \sqrt{\frac{\left(x_1 - \overline{x}\right)^2 + \ldots + \left(x_n - \overline{x}\right)^2}{n}}$$

Würde man statt des echten Mittelwerts die Standardabweichung kennen, dann gäbe die Transformation eine Standardnormalverteilung, also eine Normalverteilung mit Mittelwert 0 und Standardabweichung 1. Da wir aber die beiden Größen schätzen müssen, ergibt sich eine t-Verteilung. Diese ist jedoch für Stichproben mit mehr als 30 Daten der Normalverteilung sehr ähnlich.

Ein weiterer Aspekt des Feature Engineering ist es, Attribute wegzulassen, die keine Aussagekraft für das Ergebnis haben. Je mehr Attribute in den Algorithmus einfließen, desto mehr Parameter müssen optimiert werden. Damit steigt die Gefahr des Overfittings (Abschn. 4.1.3) bzw. ein größerer Trainingsdatensatz ist notwendig. Letzterer ist aber aufwendig oder vielleicht auch unmöglich zu beschaffen.

Der dritte Aspekt des Feature Engineering ist die Kombination von Attributen, um dadurch aussagekräftigere Inputs für den Algorithmus zu erzeugen und auch die Anzahl der Inputs zu reduzieren. Ein Verfahren dafür ist die Hauptkomponentenanalyse, welche Linearkombinationen der Attribute so bildet, dass die ersten Hauptkomponenten möglichst viel der Varianz erklären (Abschn. 3.3).

Die Reduktion auf weniger Attribute wird auch bei neuronalen Netzen zur Bilderkennung durchgeführt (Abb. 5.10). In diese werden nämlich nur grob aufgelöste Bilder eingefüttert. Die Reduktion der benötigten Input-Knoten ist gewaltig. Smartphone-Kameras haben zum Teil eine Auflösung von über 100 Megapixel. Ein Megapixel entspricht 1024 x 1024 Pixel, d. h., ein Bild mit 100 Megapixel besteht aus 104.857.600 Werten; jeweils ein Drittel

Originalbild (12 MP)   Ausschnitt   Reduktion   Umwandlung
                        mit Gesicht   der Auflösung in Graustufen

36 Mio. Parameter   8,7 Mio. Parameter   3072 Parameter   1024 Parameter

Abb. 5.10 Vorbereitung zur Gesichtserkennung

davon für die Helligkeit von Rot, Grün und Blau. Statt solche riesigen Bilder zu verwenden, die feine Details abbilden, wird bei einer Gesichtserkennung zuerst der Ausschnitt, in dem das Gesicht ist, identifiziert und gedreht. Anschließend werden die Auflösung auf z. B. 128 x 128 Pixel angepasst und die Farbinformation in Graustufen umgewandelt. Damit werden „nur" noch 16.384 Input-Knoten benötigt.

Tatsächlich gibt es viele Forschungsarbeiten zu Gesichtserkennung bei niedriger Auflösung. Das hat ganz praktische Gründe. Überwachungskameras decken normalerweise ein großes Sichtfeld ab, sodass einzelne Gesichter auf den Aufnahmen nur einen kleinen Ausschnitt ausmachen und entsprechend gering aufgelöst sind [12].

Häufig ist Feature Engineering noch ein manueller Prozess, da meist Fachwissen benötigt wird, um die wichtigen Attribute zu identifizieren. Allerdings gibt es Bestrebungen, Automatismen einzusetzen, die anhand von statistischen Verfahren ermitteln, wie viel Einfluss ein Attribut auf das Ergebnis hat [13].

> Wie gut ein Algorithmus funktioniert, hängt entscheidend von den Attributen ab, mit dem er gefüttert wird. Feature Engineering, also die Konstruktion und Bereitstellung geeigneter Attribute, kann darüber entscheiden, ob ein Algorithmus zufriedenstellende Ergebnisse liefert oder nicht.

5.4.2 Model Training: Übung macht den Meister

Damit man die Qualität eines Algorithmus vernünftig beurteilen kann, muss man den zur Verfügung stehenden Datensatz in einen Trainings- und einen Testdatensatz aufteilen. Der **Trainingsdatensatz** ist für das Lernen vorgesehen, der **Testdatensatz** für die finale Evaluation. Wichtig ist, dass der Algorithmus den Testdatensatz tatsächlich erst in der Evaluationsphase zum ersten Mal „sieht". Andernfalls würde man den Algorithmus auf diese Daten hin optimieren. Er hätte dann keine allgemeinen Regeln, sondern im Prinzip nur die Daten „auswendig" gelernt. Dieses Risiko haben wir schon unter dem Begriff Overfitting kennengelernt (Abschn. 4.1.3)

Die Wahl des Algorithmus hängt von vielen Faktoren ab, die sich in technische, statistische und inhaltliche Überlegungen einteilen lassen. Soll der Output eine Klassifikation sein oder aus kontinuierlichen Werten bestehen? Ist der Zusammenhang linear oder nicht linear? Bei kleinen Datensätzen benötigt man andere statistische Methoden als bei großen. Ist der Datensatz gelabelt, stehen auch Algorithmen des überwachten Lernens zur Verfügung.

Im Prinzip hat der Data Scientist einen Baukasten von Algorithmen zur Verfügung, die alle ihre Vor- und Nachteile haben. Manchmal ist klar, dass nur ein statistisches Verfahren infrage kommt, meist muss abgewogen oder experimentiert werden, welcher Algorithmus geeignet ist.

Das tatsächliche Training eines Algorithmus ist meist unspektakulär. Fast alle verwendeten Algorithmen sind in den beliebtesten Data Science Programmiersprachen Python und R schon vorhanden. Für die Umsetzung wird noch angegeben, welche Daten als Trainingsdatensatz benutzt wer-

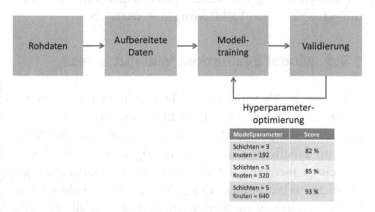

Modellparameter	Score
Schichten = 3 Knoten = 192	82 %
Schichten = 5 Knoten = 320	85 %
Schichten = 5 Knoten = 640	93 %

Abb. 5.11 Optimierung der Hyperparameter

den sollen und mit welchen Parametern der Algorithmus angepasst werden soll.

Hinter der Wahl der richtigen Parameter steckt aber doch mehr. Es gibt Hunderte von Kombinationen für die Art und Anzahl der Schichten, Knoten und Verbindungen, aus denen ein neuronales Netz aufgebaut ist. Andere Algorithmen bieten ebenfalls einige Optionen, jedoch nicht so viele. Solche Parameter, die vor dem eigentlichen Lernprozess gesetzt werden, nennt man **Hyperparameter** (Abb. 5.11).

Man will natürlich die optimalen Hyperparameter finden. Das funktioniert in der Regel durch Ausprobieren. Dabei kann man nicht einfach alle möglichen Kombinationen durchlaufen lassen, sondern muss gewisse Rahmenbedingungen setzen und dann eine Optimierungsmethode verwenden [14]. Man lässt also den Algorithmus mit einer Kombination von Hyperparametern durchlaufen und prüft, ob er besser funktioniert als mit einer anderen Wahl der Hyperparameter. Um die Güte zu beurteilen, dürfen wir nicht den Testdatensatz benutzen, der ist für die finale

Gütebestimmung reserviert. Daher teilen wir vom Trainingsdatensatz den **Validierungsdatensatz** ab.

5.4.3 Model Evaluation: Wie gut ist es?

Wann ist ein Algorithmus gut? Das ist nicht einfach zu beantworten. Zuerst einmal muss klar sein, was mit „gut" gemeint ist. Bei einem Klassifikationsproblem soll der Algorithmus möglichst viele Daten richtig einsortieren, das ist eindeutig; aber wie kann man die Güte eines Übersetzungsalgorithmus bestimmen? Es gibt zu viele verschiedene Möglichkeiten, richtig zu übersetzen, als dass man alle gültigen Möglichkeiten bereitstellen kann. Tatsächlich ist das ein offenes Problem im maschinellen Lernen, an dem aktiv geforscht wird. Bei einem Schachprogramm hingegen ist die Bewertung relativ einfach: Das Programm ist gut, wenn es Partien gegen gute Spieler oder andere Schachprogramme gewinnt. Dieses Prinzip gab es schon vor den Schachcomputern und die Stärke eines Schachspielers spiegelt sich in der Elo-Zahl wider. Je höher die Elo-Zahl ist, desto stärker ist der Spieler. Gewinnt man gegen einen stärkeren Spieler, erhöht sich die Elo-Zahl. Verliert man gegen einen schwächeren Spieler, wird die Elo-Zahl verringert.

Die Evaluation erfolgt in zwei oder drei Stufen. Zuerst bewertet sich der Algorithmus innerhalb des Trainings selbst, um seine Parameter zu optimieren. Viele Algorithmen arbeiten dabei iterativ, d. h., sie wiederholen die gleichen Schritte immer wieder und verändern dabei die Parameter, um das Optimum zu finden. Findet irgendwann keine Verbesserung mehr statt, dann hat der Algorithmus ausgelernt. Der zweite, optionale Schritt ist die Hyperparameter-Optimierung. Dabei wird iterativ vorgegangen: Der erste Schritt wird mit gewählten Hyperparametern durchgeführt, anschließend anhand des Validierungsdatensatzes bewertet und dann mit veränderten Hyperparametern erneut durchgeführt. Als dritte und letzte Stufe erfolgt die finale Bewertung anhand des Testdatensatzes.

Die Evaluation kann dabei nicht manuell durchgeführt werden, dafür sind zu viele Wiederholungen nötig. AlphaGo Zero wurde optimiert, indem es innerhalb von drei Tagen knapp 5 Millionen Mal gegen sich selbst spielte. Man stelle sich vor, all diese Partien müssten gegen einen Menschen, der auch noch überragend in Go sein müsste, gespielt werden.

> Entscheidend für die Optimierung von Machine-Learning-Algorithmen ist die Möglichkeit, die Güte automatisiert und richtig messen zu können.

Evaluation für überwachtes Lernen

Für binäre Klassifikationsalgorithmen, also Klassifikationen mit zwei Ausprägungen, wird eine Vierfelder-Tafel aufgestellt. Anschließend können Treffergenauigkeit, Sensitivität, Spezifität, Wirksamkeit, Trennfähigkeit und das F_1-Maß berechnet werden (Abschn. 3.2). Gibt es mehr als zwei Ausprägungen, zum Beispiel zehn beim Erkennen von handschriftlichen Ziffern, kann weiterhin die Treffergenauigkeit verwendet werden, die anderen Kennzahlen nicht mehr.

Eine weitere, häufig verwendete Kennzahl ist die **logarithmische Verlustfunktion**, engl. *log loss function*. Diese kommt zum Einsatz, wenn der Algorithmus eine Wahrscheinlichkeit für die Ausprägungen zurückgibt, also eine Zahl zwischen 0 und 1. Viele Algorithmen machen das so. Für die Ziffernerkennung würde das zum Beispiel bedeuten, dass bei der Eingabe eines Bildes mit einer handschriftlichen Ziffer als Output zehn Werte zwischen 0 und 1 zu-

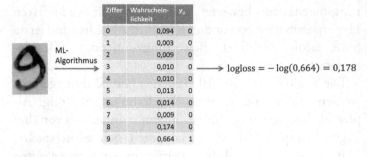

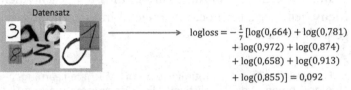

logl="-\frac{1}{7}[\log(0{,}664)+\log(0{,}781)+\log(0{,}972)+\log(0{,}874)+\log(0{,}658)+\log(0{,}913)+\log(0{,}855)]=0{,}092"

$$\text{logloss} = -\frac{1}{7}[\log(0{,}664) + \log(0{,}781)$$
$$+ \log(0{,}972) + \log(0{,}874)$$
$$+ \log(0{,}658) + \log(0{,}913)$$
$$+ \log(0{,}855)] = 0{,}092$$

Abb. 5.12 Beispiel für Ziffernerkennung

rückgegeben werden. Jeder Wert spiegelt die Sicherheit wider, mit der der Algorithmus diesen erkannt hat. Anschließend wird die Ziffer mit der höchsten Sicherheit gewählt. Man könnte auch einbauen, dass eine endgültige Festlegung auf eine Ziffer nur erfolgt, wenn eine gewisse Sicherheit überschritten wird, z. B. 0,7 (Abb. 5.12).

Die logarithmische Verlustfunktion sieht für Nicht-Mathematiker etwas kompliziert aus, das Prinzip dahinter ist aber ganz einfach. Gehört ein Datenpunkt zu einer Klasse und gibt der Algorithmus eine hohe Wahrscheinlichkeit aus, dann wird das mit einem kleinen Wert belohnt. Ist die Wahrscheinlichkeit aber klein, dann gibt es eine große Strafe. Die Wahrscheinlichkeiten für falsche Klassen werden ignoriert. Über diese Werte wird dann der Mittelwert gebildet. Ein perfekter Algorithmus hätte also einen *log loss* von 0.

Mathematisch ist das über den Logarithmus formuliert, der für 1 den Wert 0 annimmt und für kleine Werte nahe der 0 sehr große negative Werte. Mit n als Anzahl der Datenpunkte, m als Anzahl der Klassen, y_{ij} als 1, wenn der Datenpunkt i zur Klasse j gehört und 0 sonst, sowie p_{ij} als entsprechende Wahrscheinlichkeit, benutzt man folgende Formel:

$$\log \text{loss} = -\frac{1}{n}\sum_{i=1}^{n}\sum_{j=1}^{m}y_{ij}\cdot\log p_{ij}$$

Die innere Summe ist für jeden Datenpunkt i nur ein Wert, denn y_{ij} ist nur dann 1, wenn der Datenpunkt zur Klasse j gehört, sonst 0.

Die logarithmische Verlustfunktion hat sich vor allem bei neuronalen Netzen als nützlich erwiesen, da diese bei großen Abweichungen schneller lernen als bei Benutzung einer quadratischen Verlustfunktion [15]. Die quadratische Verlustfunktion ist in der Statistik weit verbreitet und kommt zum Beispiel bei der linearen Regression zum Einsatz.

Haben wir es also nicht mit einer Klassifikation, sondern mit kontinuierlichen Werten zu tun, dann kommt meist der mittlere quadratische Fehler (*mean squared error*) zum Einsatz. Es wird der Abstand zwischen echtem und vorhergesagtem Punkt berechnet und quadriert. Anschließend wird auch hier der Mittelwert gebildet (Kap. 3).

Das **Bestimmtheitsmaß R²** misst, wie viel der Streuung in den Daten durch das Modell erklärt werden kann (Abb. 5.13). Man teilt dafür die Streuung der geschätzten Werte um den Mittelwert durch die Streuung der beobachteten Werte. Das kann umgeschrieben werden als 1 abzüglich der Streuung des Fehlers geteilt durch die Gesamtstreuung.

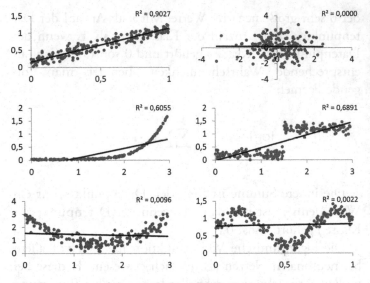

Abb. 5.13 Das Bestimmtheitsmaß R^2

$$R^2 = \frac{\sum\left(\hat{y}_i - \overline{y}\right)^2}{\sum\left(y_i - \overline{y}\right)^2} = 1 - \frac{\sum\left(y_i - \hat{y}_i\right)^2}{\sum\left(y_i - \overline{y}\right)^2}$$

R^2 liegt zwischen 0 und 1. Je näher R^2 an 1 liegt, desto besser ist der Erklärungsgrad. Bei $R^2 = 1$ stimmen beobachtete und vorhergesagte Werte überein, der Fehler ist 0.

Sich nur auf eine Kennzahl zu verlassen, ist immer eine schlechte Idee, und so ist es auch bei R^2. Ein hoher Wert sagt nicht aus, ob es sich wirklich um einen linearen Zusammenhang handelt, also ob das Modell passt. Ein niedriger Wert besagt nicht, dass es keinen Zusammenhang zwischen den Variablen gibt.

Zudem hat R^2 die Eigenschaft, größer zu werden, je mehr Attribute wir hinzunehmen. Wir wollen aber nur die Attribute verwenden, die auch etwas zur Erklärung beitragen. Um das zu tun, benutzt man in der Regel das adjustierte Bestimmtheitsmaß, welches die Hinzunahme von Attributen bestraft (Abb. 5.13).

Evaluation für unüberwachtes Lernen

Für Algorithmen, die zur Klasse des unüberwachten Lernens gehören, ist eine Gütebestimmung schwierig. Schließlich gibt es kein vorgegebenes Ziel, sondern der Algorithmus soll Strukturen und Muster erkennen, zum Beispiel beim Clustering. Weiß man etwas über die Struktur, etwa wie viele Cluster es geben sollte, kann man das Ergebnis des Algorithmus damit vergleichen.

Gibt es einen gelabelten Datensatz, dann können wir natürlich die Ergebnisse des Clusterings mit den Labels vergleichen. Das ist aber eher ein Spezialfall, denn wenn es Labels gibt, dann wird meist überwachtes Lernen eingesetzt.

Ein typischer Anwendungsfall unüberwachten Lernens ist das Aufbereiten der Daten, bevor diese in einen Überwachtes-Lernen-Algorithmus gesteckt werden. Insbesondere Ausreißerbereinigung und automatisches Feature Engineering werden so durchgeführt, um den anschließenden Algorithmus zu verbessern. Den Effekt, den die vorgeschaltete Aufbereitung hat, können wir natürlich messen.

Es gibt aber auch etliche statistische Kennzahlen, die nur aus den Daten selbst berechnet werden können. Das nennt man dann interne Validierung. Allein für das Clustering gibt es mindestens vierzehn gebräuchliche Kennzahlen. Es gibt einige, die die Streuung innerhalb der Cluster der Streuung zwischen den Clustern gegenüberstellen. Andere beurteilen die Güte anhand der Distanz der Cluster zueinander. Jede dieser Kennzahlen hat ihre Stärken und Schwächen und ist jeweils optimal für bestimmte Strukturen [16].

Evaluation im bestärkenden Lernen

Im bestärkenden Lernen geht es um einen Agenten, der in einer Umgebung Aktionen durchführt. Dafür gibt es direkt oder zeitverzögert Feedback in Form eines Werts einer Belohnungs- oder Verlustfunktion. Man kann sich das wie eine Punktzahl in einem Spiel vorstellen. (Gerade Spiele werden gerne als Aufgaben für bestärkendes Lernen herangezogen, da sehr schnell viele virtuelle Runden gespielt werden können.) Geht es zum Beispiel um einen Schachcomputer, dann wird das Gewinnen des Spiels belohnt. Vielleicht ist das aber schon zu zeitverzögert; dann wird schon das Schlagen einer gegnerischen Figur mit Punkten belohnt. Das fördert allerdings eine aggressive Strategie, bei der der Algorithmus vor allem versucht, generische Figuren zu schlagen, anstatt das Spiel zu gewinnen. Es ist schwer, eine ausgeglichene Belohnungsfunktion zu erstellen. Sofern möglich, sollte also nur das Erreichen klar definierter (Teil-)Ziele mit Punkten belohnt werden.

Als Maß für die finale Qualität eines solchen Algorithmus bleibt nur der Vergleich mit den Fähigkeiten anderer Algorithmen oder auch mit denen der Menschen. So war der Ritterschlag von AlphaGo das Besiegen des Go-Großmeisters (Abschn. 3.4).

5.5 Data Interpreting: Die Insights zählen

Die meisten Data-Science-Projekte sind mit Datenauswertungen verbunden. Selbst ein Produkt für Nutzer wie der Facebook-Feed basiert auf Schlüssen, die durch Datenanalyse gezogen werden.

Dabei wird viel von **Insights** (dt. Erkenntnisse) gesprochen. Ursprünglich aus dem Marketing kommend (Customer Insights), wird es mittlerweile viel breiter verwendet.

Der Grund hinter einer Datenanalyse ist nämlich nicht, möglichst viele Kennzahlen und Charts zu produzieren, sondern aus der Analyse neue Erkenntnisse zu gewinnen. Diese sollen helfen, gute Entscheidungen zu treffen.

Eigentlich ist das selbstverständlich und wird zum Beispiel in der medizinischen Forschung so gehandhabt. Eine Studie und die zugehörige Datenanalyse sind dazu da, die Krankheit oder Behandlungsmethoden besser zu verstehen und zu beurteilen, ob eine neue Therapie besser wirkt.

In vielen Unternehmen hingegen gibt es eine Flut von Kennzahlen ohne großen Erkenntnisgewinn. Ganz so überraschend ist das allerdings nicht: Ein Kennzahlen-Reporting zu erstellen, kann automatisiert werden; eine Interpretation der Kennzahlen zu liefern, ist hingegen noch in Menschenhand.

Zudem ist der Interpretationsprozess nicht einfach. Im Prinzip muss der Data Scientist zwei Sprachen beherrschen, die der Statistik und die vom Business, und von der eine in die andere übersetzen können.

Wurden beispielsweise die Kunden einer Einzelhandelskette mittels eines Clustering-Algorithmus in Gruppen eingeteilt, dann benötigt man eine Interpretation dieser Einteilung: Was sind charakteristische Eigenschaften einer Gruppe? Kann diese Einteilung genutzt werden, um gezielt auf die Bedürfnisse einer Gruppe einzugehen bzw. diese mittels Werbung anzusprechen?

5.5.1 Data Storytelling: Gut erzählt ist halb gewonnen

Ein Data Scientist sollte auch immer ein guter Kommunikator sein. Denn was nutzen komplexe Analysen, wenn deren Aussagen nicht verstanden werden? Leider sieht man immer noch häufig die reinsten Materialschlachten; es wer-

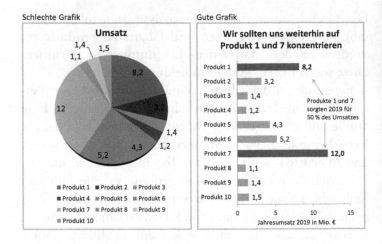

Abb. 5.14   Schlechte und gute Grafiken

den möglichst viele Informationen präsentiert. Tatsächlich geht aber darum, den Leser oder das Publikum mitzunehmen und einen Weg durch den Informationsdschungel zu bahnen. Geschichten scheinen hierfür besonders geeignet zu sein, denn diese sind den Menschen schon seit Höhlenzeiten bekannt. Ziel des Data Storytelling ist es aber nicht, eine Anekdote nach der anderen zu erzählen. Vielmehr sollen über Techniken des Storytellings, wie sie im Film oder im Journalismus verwendet werden, die Analyseergebnisse einprägsam und klar verpackt werden. Ein gutes Vorbild ist der Datenjournalismus, also Artikel, die auf Datenanalysen aufbauen bzw. durch diese unterstützt werden.

Ein Schritt in diese Richtung sind gut aufbereitete Visualisierungen, welche es dem Leser erleichtern, die wesentlichen Aussagen zu erfassen (Abb. 5.14).

Data Storytelling ist aber noch mehr. Idealerweise hat die Präsentation der Analyseergebnisse einen roten Faden und benutzt visuelle und narrative Techniken, die auf die Zielgruppe zugeschnitten sind. Gute Storys bleiben im Ge-

dächtnis und wirken überzeugender, daher ist Storytelling
so wertvoll, vor allem im Marketing [17].

> Eine an die Zielgruppe angepasste Präsentation der Ergeb-
> nisse ist ebenso wichtig wie die Datenanalyse selbst.

5.5.2 Data Visualization: Das Auge liest mit

Einer der wichtigsten Bestandteile bei der Interpretation
von Daten sind Grafiken. Diese helfen schon in der *data
exploration phase*, die Daten besser zu verstehen oder auch
Fehler zu entdecken. Auch basieren mittlerweile viele Reportings auf interaktiven Dashboards, bei denen man die
benötigte Datenbasis filtert, zum Beispiel nach Datum,
und dann passende Charts angezeigt bekommt.

„Ein Bild sagt mehr als tausend Worte", F.R. Barnard, 1921

Es gibt viele verschiedene Arten, Daten zu visualisieren.
Tabellen oder Zahlen werden z. B. mit Farbcodierungen
oder kleinen Symbolen wie Pfeilen oder Ampeln versehen:
Neben der Umsatzzahl des aktuellen Monats stehen vielleicht ein roter oder grüner Pfeil und die prozentuale Änderung zum Vormonat, um die Entwicklung direkt erfassen
zu können. Oft werden die Kennzahlen in großen Ziffern
gesetzt. Häufig sieht man in Dashboards auch virtuelle
Messinstrumente, im Englischen *gauge* genannt. Tachos
und Ampelfarben sind uns im Alltag vertraute Objekte.
Das alles soll dazu beitragen, die relevanten Zahlen intuitiv
zu erfassen.

Der wichtigste Teil der Datenvisualisierung sind Dia-
gramme (engl. *charts*). Diese helfen uns, Zusammenhänge
und Entwicklungen zu erkennen. Die Anzahl verschiedener
Chart-Typen ist groß, aber im Prinzip sind es entweder Va-

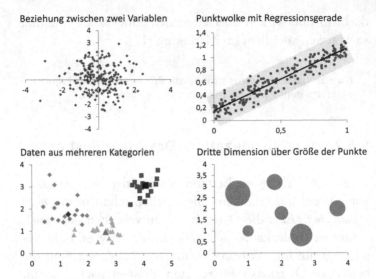

Abb. 5.15   Verschiedene Punktwolken (scatter plots)

riationen einiger weniger Typen oder die Darstellung ist nur für spezielle Daten geeignet. Es gibt einige Webseiten, die Beispiele vieler unterschiedlicher Chart-Typen bieten [18, 19].

Streudiagramm
Ein *scatter plot*, im Deutschen auch Punktwolke oder Streudiagramm genannt, ist ein Koordinatensystem, in dem zwei Werte der Datenpunkte eingetragen werden (Abb. 5.15). Dieser Charttyp tauchte in diesem Buch schon ein paar Mal auf und eignet sich dazu, Beziehungen zwischen zwei Attributen grafisch darzustellen und so auch zu erkennen.

Säulen- und Balkendiagramm
Bei diesem Chart-Typ werden auf der x-Achse verschiedene Kategorien gebildet; die Höhe der Säule entspricht dem zu-

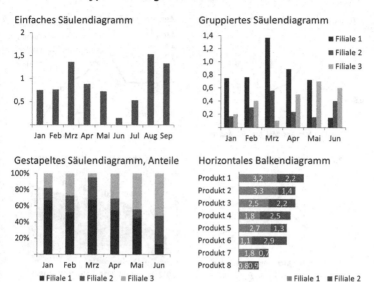

Abb. 5.16 Verschiedene Säulendiagramme (bar charts)

gehörigen y-Wert. So können auf der x-Achse zum Beispiel Geschäftsjahre oder Produktkategorien und auf der y-Achse der entsprechende Umsatz angezeigt werden. Ein Säulendiagramm eignet sich also immer dann, wenn man ein numerisches Attribut für verschiedene Gruppen darstellen möchte (Abb. 5.16).

Statt Säulen können auch Querbalken verwendet werden. Das ist vor allem dann vorteilhaft, wenn die Beschreibung der Gruppen länger ist oder es viele Gruppen gibt. Zudem kann man noch eine zweite Gruppierung hinzunehmen. Dabei hat man die Wahl, ob man die Säulen stapelt oder gruppiert. Auch eine prozentuale Darstellung ist möglich.

Für die prozentuale Aufteilung gibt es die Variante des Tortendiagramms, bei dem die Anteile den einzelnen Kuchenstücken entsprechen. Diese Darstellungsform wird

Einfaches Liniendiagramm

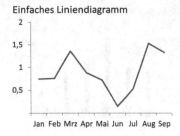

Mehrere Datenreihen

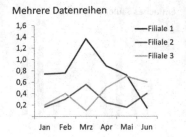

Gestapelte Datenreihen

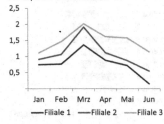

Fläche unter gestapelten Datenreihen

Abb. 5.17 Verschiedene Liniendiagramme

aber von vielen abgelehnt, da es bei vielen Kuchenstücken schnell unübersichtlich wird. Zudem ist der Mensch nicht besonders gut darin, so Verhältnisse zu vergleichen. Als Variante gibt es den *donut chart*, der ein Loch in der Mitte hat, um dort noch eine Kennzahl wie die Gesamtsumme unterzubringen.

Liniendiagramm

Für einen zeitlichen Verlauf eignen sich Liniendiagramme am besten (Abb. 5.17). Auf der x-Achse ist die Zeiteinheit aufgetragen, auf der y-Achse die zugehörigen Werte. Statt nur Punkte zu zeichnen wie im Streudiagramm, werden die Punkte miteinander verbunden.

Als Variante kann die Fläche unter der Linie farbig gefüllt werden. Zudem können mehrere Linien übereinandergestapelt werden, wobei das schnell unübersichtlich wird.

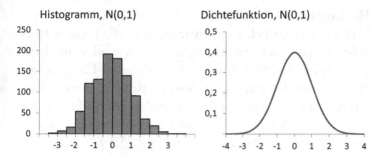

Abb. 5.18 Darstellung von Verteilungen

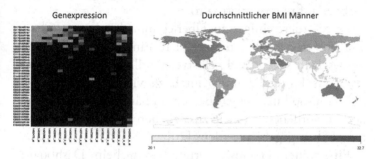

Abb. 5.19 Beispiele für Heatmaps

Histogramm

Häufig interessiert man sich dafür, mit welcher Häufigkeit bestimmte Werte auftauchen. Man denke zum Beispiel an eine Umfrage, bei der Alter oder Körpergröße angegeben wird. Dazu unterteilt man den Wertebereich in Intervalle und zählt einfach, wie viele Werte in den einzelnen Intervallen liegen. Diese Anzahlen stellt man dann als Säulen dar.

Eine Variante davon ist, statt Säulen eine geglättete Kurve zu verwenden. So kann man zum Beispiel die beobachteten Werte mit der Normalverteilung, welche durch ihre Dichtefunktion (Gauß-Glocke) repräsentiert wird, vergleichen (Abb. 5.18).

Heatmap

Will man eigentlich drei Attribute darstellen, dann kann man auf eine 3D-Darstellung ausweichen oder die dritte Dimension über Farbabstufungen realisieren. Ein niedriger Wert entspricht dann zum Beispiel Rot, ein hoher Wert Grün. Allen Werten dazwischen werden andere Farben zugeordnet. Insbesondere bei zwei Kategorie-Attributen, also einer Tabelle, funktioniert das gut (Abb. 5.19).

Auch bei Karten werden Länder oder Regionen häufig eingefärbt. Man kennt Farbskalen auch von Höhenprofilen, bei denen die Höhe über dem Meeresspiegel mit einem Farbverlauf repräsentiert wird.

Es erfordert einiges an Überlegung, den besten Chart-Typ und dessen Design zu wählen. Einige Dinge wie Achsenbeschriftungen sind selbstverständlich. Aber ab wann wird das Liniendigramm durch zu viele Linien unübersichtlich? Soll man einen Balken im Säulendiagramm farblich hervorheben? Welche zusätzlichen Informationen sollten noch angegeben werden? [20]

Eine weitere Herausforderung besteht beim Dashboard-Design. Der Nutzer hat normalerweise die Möglichkeit, verschiedene Auswahlen zu treffen. Zum Beispiel soll er auswählen können, ob auf der x-Achse Monate, Quartale oder Jahre angezeigt werden. Oder er kann eine Auswahl treffen, welche Filiale er ansehen möchte. Je nach Filiale gibt es unterschiedlich viele Warenkategorien, deren Abverkäufe dargestellt werden. Nun muss man als Dashboard-Designer überlegen, wie mit diesen verschiedenen Möglichkeiten umgegangen wird. Stellt man zum Beispiel nur die fünf größten Kategorien dar und fasst alle anderen unter Sonstige zusammen oder kann man doch alle in das Chart integrieren?

5.6 Deployment: An die Öffentlichkeit damit

Hat man nicht nur eine einmalige Analyse durchgeführt, sondern ein Produkt entwickelt, dass andere nutzen sollen, dann muss es an die Öffentlichkeit. Produkt heißt hier: Nicht nur gedacht für den Endanwender (wie der Facebook-Feed), auch interne Services zählen dazu. Unser Beispiel der Abverkaufprognose für Eiscreme (Kap. 3) wäre so ein Service, der intern abgerufen werden würde. Auch auf ein Reporting-Tool für die Controlling-Abteilung muss von eben dieser Abteilung zugegriffen werden können.

Den Prozess des Produktiv-Setzens bzw. das Verteilen von Software auf viele Rechner nennt man **Deployment**. Das ist keine spezifische Aufgabe im Data-Science-Bereich; jede Software-Firma muss sich damit auseinandersetzen, wie sie neue Versionen einspielen kann.

Als Data Scientist gibt es ganz unterschiedliche Arten des Deployments. Das hängt vom Projekt und den spezifischen Anforderungen ab. Häufig wird der Deployment-Prozess auch von IT-Spezialisten übernommen, d. h. der Data Scientist übergibt sein Modell an die IT-Abteilung. Manchmal muss der Algorithmus noch einmal in einer anderen Programmiersprache geschrieben werden. Die Herangehensweise beim Erforschen der Daten und der schnellen Entwicklung von Prototypen unterscheidet sich von der auf Stabilität ausgelegten Entwicklung von Software, die täglich von vielen Personen benutzt wird.

Im Bereich Data Science sind die Programmiersprachen R und Python am weitesten verbreitet. Viele der benötigten Funktionalitäten sind in zusätzlichen Paketen implementiert. Pakete bauen wiederum aufeinander auf. Viele Data-Science-Projekte brauchen etliche dieser Pakete.

Was passiert, wenn ein Paketentwickler entscheidet, dass bei der nächsten Version eine Änderung nötig ist? Vor einem Update des Systems muss also überprüft werden, dass keine dieser Änderungen zu Fehlern oder Instabilitäten führt. Insbesondere im produktiven Umfeld muss hier sehr vorsichtig gearbeitet werden. Nicht umsonst gibt es den Ausspruch „Never change a running system". Data Science ist aber sehr dynamisch und verwendet häufig neue Technologien, die noch nicht lange erprobt sind.

Ein anderes Beispiel: Im Machine Learning wird ein Modell anhand eines Datensatzes trainiert, ausführlich getestet und dann produktiv gesetzt. Nun hat man neue Daten gesammelt, zum Beispiel hat sich das Kundenverhalten im Onlineshop durch die nahe Sommersaison geändert. Das Modell wird an diese veränderten Daten angepasst und muss nun wieder getestet und produktiv gesetzt werden.

Der Deployment-Prozess ist also niemals abgeschlossen und muss ständig wiederholt werden. Eine Automatisierung wird irgendwann nötig, wenn die Aktualisierungsfrequenz hoch ist.

Für alle diese Herausforderungen gibt es Werkzeuge, die die Arbeit erleichtern und vieles automatisieren können. So steckt man die Programmiersprache mit den Paketen und dem Projekt-Code in einen Container. Dieser kann dann einfach auf die Produktiv-Server übertragen werden, ohne dass man sich über die spezifischen Konfigurationen des Produktiv-Servers Gedanken machen muss.

Literatur

1. Stodden V (2010) The scientific method in practice: reproducibility in the computational sciences. MIT Sloan Research Paper No. 4773-10. https://doi.org/10.2139/ssrn.1550193

2. Mason H, Wiggins C (2010) A taxonomy of data science. http://www.dataists.com/2010/09/a-taxonomy-of-data-science. Zugegriffen am 10.04.2020

3. Overview of the KDD process (o.J.) http://www2.cs.uregina.ca/~dbd/cs831/notes/kdd/1_kdd.html. Zugegriffen am 10.04.2020

4. Evans E (2009) NoSQL: what's in a name? Blogpost. http://blog.sym-link.com/posts/2009/30/nosql_whats_in_a_name. Zugegriffen am 10.04.2020

5. Bokhari M, Khan A (2016) The NoSQL movement. IOSR J Comput Eng 18(6), Ver. IV (Nov.–Dec. 2016):06–12

6. Codd E (1970) A relational model of data for large shared data banks. Communication of the ACM 13(6), 13.06.1970. http://www.seas.upenn.edu/~zives/03f/cis550/codd.pdf. Zugegriffen am 21.03.2020

7. Koh T (2016) Handling large data sets at scale. https://medium.com/pinterest-engineering/handling-large-data-sets-at-scale-b45a6b82983c. Zugegriffen am 11.04.2020

8. Introducing JSON (o.J.) https://www.json.org/json-en.html. Zugegriffen am 11.04.2020

9. Fielding RT (2000) Architectural styles and the design of network-based software architectures, dissertation. https://www.ics.uci.edu/~fielding/pubs/dissertation/fielding_dissertation_2up.pdf. Zugegriffen am 11.04.2020

10. Böwing-Schmalenbrock M, Jurczok A (2012) Multiple Imputation in der Praxis. https://publishup.uni-potsdam.de/opus4-ubp/frontdoor/index/index/docId/4847. Zugegriffen am 12.04.2020

11. Chu X et al (2016) Data cleaning: overview and emerging challenges, SIGMOD'16: proceedings of the 2016 International Conference on Management of Data, p 2201–2206. https://doi.org/10.1145/2882903.2912574

12. Li P et al (2019) Face recognition in low quality images: a survey. arXiv: 1805.11519

13. Nargesian F et al (2017) learning feature engineering for classification, proceedings of the twenty-sixth international joint

conference on artificial intelligence, p 2529–2535. https://doi.org/10.24963/ijcai.2017/352

14. Claesen M, de Moor B (2015) Hyperparameter search in machine learning, MIC 2015: the XI Metaheuristics International Conference in Agadir. arXiv: 1502.02127
15. Nielsen MA (2015) Neural networks and deep learning. Determination Press. Kapitel 3. http://neuralnetworksanddeeplearning.com/chap3.html. Zugegriffen am 25.04.2020
16. Wang K et al (2009) CVAP: Validation for cluster analyses. Data Sci J 8:88–93. https://doi.org/10.2481/dsj.007-020
17. Masters S (2018) What is data storytelling? Plus 5 great examples. Blogpost. https://www.vertical-leap.uk/blog/what-is-data-storytelling. Zugegriffen am 25.04.2020
18. The R Graph Gallery (o.J.) https://www.r-graph-gallery.com. Zugegriffen am 08.05.2020
19. Google Charts. https://developers.google.com/chart/interactive/docs/gallery. Zugegriffen am 08.05.2020
20. Nussbauer Knaflic C (2015) Storytelling with data. Wiley, Hoboken
21. Fayyad U (2001) Knowledge discovery in databases: an overview. In: Džeroski S, Lavrač N (Hrsg) Relational data mining. Springer, Berlin/Heidelberg. https://doi.org/10.1007/978-3-662-04599-2_2

6

Das Gehirn kopieren? – Künstliche neuronale Netze

Wird in Presseberichten oder auf Vorträgen von neuen Produkten oder Technologien berichtet, dann werden diese gerne als moderne KI gepriesen (Abb. 6.1). Wie in Kap. 2 beschrieben, ist eine saubere Definition des KI-Begriffs schwierig, sogar eine konsistente Definition von Intelligenz ist noch nicht gefunden. Meist handelt es sich bei den beschriebenen KI-Technologien nur um eine Anwendung eines einfachen Algorithmus des maschinellen Lernens. Technologien, die mit dem Stempel KI versehen sind, verkaufen sich einfach besser.

Reine Augenwischerei ist es aber dennoch nicht. Denn die Fortschritte, die in den letzten Jahren gemacht wurden, sind beachtlich. Viele Aufgaben, die vor Kurzem noch als unmöglich für Computer und als Beweis für die Leistungsfähigkeit des menschlichen Gehirns galten, sind mittlerweile in (fortschrittlichen) Unternehmen im Einsatz. Der Bereich Sprachsteuerung bzw. allgemeiner die Verarbeitung von normaler Sprache (NLP = *natural language processing*) hat mit Siri, Alexa und Google Home Einzug in Smart-

H. Aust, *Das Zeitalter der Daten*, https://doi.org/10.1007/978-3-662-62336-7_6

Abb. 6.1 KI macht Schlagzeilen

phones und Wohnzimmer gefunden. In ein paar Jahren werden wir uns daran gewöhnt haben, Computern Befehle per normaler Sprache zu geben. Tatsächlich spezialisieren sich schon Marketing-Agenturen auf *Voice Search Optimization*, also der Optimierung von Webseiten, um in der Sprachsuche als Ergebnis genannt zu werden. Das funktioniert ähnlich wie *Search Engine Optimization* (SEO), aber eben nicht für die Suchmaschinen-Webseite, sondern für die Sprachsuche.

Ein weiteres Beispiel für moderne Machine-Learning-Technologie, die in unserem Alltag angekommen ist, ist das automatische Kategorisieren von Bildern. Eher unbemerkt und im Hintergrund sortieren unsere Cloud-Fotoarchive, sei es von Apple oder Google, passend in Kategorien ein und markieren, wenn mein Hund auf einem der Bilder zu sehen ist. Viele weitere praktische Anwendungen von Data Science gibt es in Kap. 7.

Künstliche neuronale Netze (KNN oder neuronale Netze, engl. *artificial neural networks = ANN*) sind die Algorithmen-Klasse, die am häufigsten mit KI gleichgesetzt wird, ist, denn mit diesen sind die meisten der aktuellen Fortschritte im Bereich *Maschinelles Lernen* erzielt worden.

Inspiriert wurden neuronale Netze durch das menschliche Gehirn, aber es geht dabei nicht um eine Simulation echter Neuronen. Solche Bestrebungen gibt es zwar auch (*Human Brain Project*, Abschn. 2.2). KNN sind eine massive Vereinfachung der Funktionsweise von Neuronen und eher mathematisch begründet. Das hat den Vorteil, dass das Lernen auf Matrizenrechnung basiert, welche sehr effizient mit speziellen Prozessoren (GPU oder TPU, Abschn. 6.4) durchgeführt werden kann.

Das Konzept der KNN ist schon lange bekannt. 1943 veröffentlichen Warren McCulloch und Walter Pitts „A logical calculus of the ideas immanent in nervous activity" [1].

Because of the „all-or-none" character of nervous activity, neural events and the relations among them can be treated by means of propositional logic. It is found that the behavior of every net can be described in these terms, with the addition of more complicated logical means for nets containing circles; and **that for any logical expression satisfying certain conditions, one can find a net behaving in the fashion it describes.**

Das bedeutet, dass sich fast jeder logische Ausdruck und fast jede mathematische Funktion durch ein neuronales Netz berechnen lassen.

In den folgenden 50 Jahren gab es beachtliche Weiterentwicklungen, aber diese blieben eher im akademischen Bereich. Zwischen 2009 und 2012 schaffte es die Forschungsgruppe von Jürgen Schmidhuber, mit ihren tiefen neuronalen Netzen mehrere Wettbewerbe zur Mustererkennung in Bildern zu gewinnen. Insbesondere wurden 2011 dabei erstmals die menschlichen Fähigkeiten übertroffen [2]. Seit dieser Zeit erleben neuronale Netze einen wahren Boom und mittlerweile gibt es unzählige Varianten für die unterschiedlichsten Anwendungen; man spricht sogar von einem Neuronale-Netze-Zoo.

6.1 Das KNN-Skelett: Knoten & Verbindungen

Das Basismodell eines neuronalen Netzes, ein sogenanntes **Feed-Forward-Netz**, ist eigentlich ganz einfach: Es besteht aus einer Kombination von Knoten und Verbindungen. In einem Knoten findet eine Berechnung statt, das Ergebnis landet über die Verbindungen bei weiteren Knoten. Das Ganze sortiert man in verschiedene Schichten: Es beginnt mit der Input-Schicht, dann folgen eine bis Tausende Zwischenschichten und am Ende gibt es die Output-Schicht (Abb. 6.2).

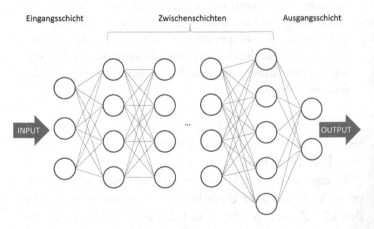

Abb. 6.2 Schichten eines neuronalen Netzes

6.1.1 Die Input-Schicht – Was isst ein neuronales Netz?

Die **Input-Schicht** ist die Schicht, in der Informationen in das neuronale Netz gelangen. Möchten wir zum Beispiel, dass das neuronale Netz die handgeschriebenen Ziffern Null bis Neun auf Bildern erkennen, dann sind die Pixel eines Bilds die Informationen, mit denen wir das neuronale Netz füttern. Nehmen wir an, wir haben im Vorfeld die Bilder so bearbeitet, dass immer nur eine Ziffer mittig auf dem Bild zu sehen ist, das Bild nur Graustufen sowie eine Auflösung von 64 × 64 Pixeln hat. Helligkeitsstufen haben in Bildern häufig 256 Werte, von 0 (schwarz) bis 255 (weiß). 256 Werte entsprechen einem Byte bzw. 8 Bit; daher spricht man auch von einer 8-Bit-Tiefe. Hätten wir ein RGB-Farbbild, dann hätte jedes Pixel drei Werte von 0 bis 255, nämlich für Rot, Grün und Blau. Das neuronale Netz hätte aufgrund der Auflösung von 64 × 64 Pixeln also 64 · 64 = 4096 Knoten in der Input-Schicht, welche jeweils den Helligkeitswert eines Pixels als Eingabe erhalten.

Für andere Aufgaben sieht die Input-Schicht ähnlich aus. Das zu analysierende Objekt muss immer in einen Zahlenvektor reduziert werden, denn die weiteren Berechnungsschritte erfordern Zahlen. Soll ein neuronales Netz Twitter-Nachrichten in positiv und negativ klassifizieren (Sentiment Analyse, Abschn. 7.9.2), dann gibt es für jedes der 140 Zeichen, aus denen ein Twitter-Post besteht, einen Knoten. Jeder Buchstabe und jedes Zeichen hat eine numerische Repräsentation, also eine Zahl. In den ersten Knoten fließt also die Zahl für das erste Zeichen der Twitter-Nachricht, in den zweiten Knoten die Zahl für das zweite Zeichen usw. Hat ein Tweet weniger als 140 Zeichen, müssen wir diesen mit Leerzeichen auffüllen.

Es gibt auch andere, abstraktere Repräsentationsmöglichkeiten. Man könnte sich bei den Twitter-Nachrichten überlegen, dass jedem Wort eine Zahl zugeordnet wird und man dem neuronalen Netz nur die Worte übergibt. Das hebt das Abstraktionsniveau und reduziert die Anzahl der Input-Knoten. Diese Herangehensweise hat aber andere Schwierigkeiten. So müsste jedes Wort, das irgendwann einmal verwendet werden könnte, einer Zahl zugeordnet werden. Das erscheint ein hoffnungsloses Unterfangen. Die Grundidee, eine geeignete Repräsentation von Objekten zu verwenden, ist allerdings gut. So gibt es tatsächlich im Bereich des Natural Language Processing das Verfahren *Word2Vec*, welches ein Wort als Punkt in einen hochdimensionalen Vektorraum transformiert. Das Besondere daran ist, dass in diesem Vektorraum Bedeutungen enthalten sind, d. h., ähnliche Wörter liegen nahe beieinander. In einem Vektorraum kann man diese Punkte auch addieren und subtrahieren. Prominentes Beispiel: Wenn man das Wort „König" nimmt, davon „Mann" abzieht" und „Frau" addiert, landet man bei „Königin". Diese Arithmetik funktioniert aber nicht immer überzeugend. Allgemeiner heißen Verfahren, welche Repräsentationen von Objekten herstellen, Autoencoder (Abschn. 6.5). Tatsächlich sind Autoencoder häufig wiederum neuronale Netze.

Anderes Beispiel: Bei einem Schachspiel soll ein neuronales Netz den nächsten Spielzug berechnen. Die einfachste Möglichkeit besteht in 64 Input-Knoten, für jedes Feld einen. Der Wert ergibt sich aus Farbe (schwarz oder weiß) und Figur. So könnte 11 für einen weißen Bauern und 21 für einen schwarzen Bauern, 12 für einen weißen Turm und 22 für einen schwarzen Turm stehen. Damit wäre zwar das aktuelle Spielbrett beschrieben, aber es gibt ja noch mehr Informationen. Aktuell vergisst das neuronale Netz alle bisherigen Spielzüge und schaut sich nur das Spielfeld an, wie jemand, der gerade erst zum Spielfeld gekommen ist. Mehr Informationen erlauben in der Regel bessere Entscheidungen. Man sollte also das neuronale Netz mit der Spielhistorie füttern. Statt für jedes Feld könnte man für jeden Spielzug einen Knoten verwenden. Um die Input-Schicht zu definieren, müssen wir aber wissen, wie viele Knoten diese enthalten soll, also wie viele Züge ein Schachspiel dauern kann. Zum Glück gibt es im Schach die 50-Züge-Regel, die besagt, dass nach 50 Zügen, in denen weder ein Bauer bewegt noch eine Figur geschlagen wurde, die Partie als remis gewertet werden kann. Das muss allerdings durch einen Spieler gefordert werden. Nach 75 solcher Züge ist dann aber endgültig Schluss, dann entscheidet der Schiedsrichter auf remis. Das heißt aber noch nicht, dass eine Partie maximal 75 Züge hat. Es wurde allerdings berechnet, wie lange denn eine Schachpartie maximal dauern kann: knapp unter 6000 Züge. Wählen wir also 6000 Input-Knoten und codieren jeden Zug durch eine Zahl, dann könnten wir die gesamte bisherige Spielhistorie dem neuronalen Netz übergeben.

Die Frage, welche Inputs in welcher Form in einen Algorithmus eingekippt werden, ist nicht speziell auf neuronale Netze zugeschnitten, sondern für alle Algorithmen von erheblicher Bedeutung. Sowohl die Art der Inputs als auch ihre Darstellung entscheiden darüber, ob ein Algorithmus zufriedenstellende Ergebnisse liefert oder nicht. Dieses relevante Themenfeld des Feature Engineering haben wir in Abschn. 5.4.1 kennengelernt.

6.1.2 Die Output-Schicht – Entscheidend ist, was hinten rauskommt

Die **Output-Schicht** soll das Ergebnis repräsentieren. Im Fall der Ziffernerkennung wären das also 10 Knoten, jeweils ein Knoten für die Ziffern 0 bis 9. Jeder dieser Knoten soll für ein Bild einen Wert zwischen 0 und 1 ausgeben. Dieser Wert repräsentiert die Wahrscheinlichkeit bzw. Sicherheit, dass es sich um die Ziffer handelt. Zusammen ergeben die 10 Wahrscheinlichkeiten 1. Ist also der Wert des 5er-Knotens 1, dann wäre sich das neuronale Netz 100 %ig sicher, dass es eine 5 auf dem Bild erkannt hat. Haben die Knoten, die die 0 und die 8 darstellen, jeweils einen Wert von 0,4 und alle anderen den Wert 0,025, dann ist sich das neuronale Netz ziemlich sicher, dass es sich um eine 0 oder 8 handelt, kann aber zwischen diesen beiden Ziffern nicht differenzieren. Gleiche Werte kommen in der Praxis natürlich nicht vor. Man benötigt aber meist ein deterministisches Ergebnis, also eine Ziffer. Man könnte also einfach die Ziffer mit der höchsten Wahrscheinlichkeit als Endergebnis wählen (Abb. 6.3).

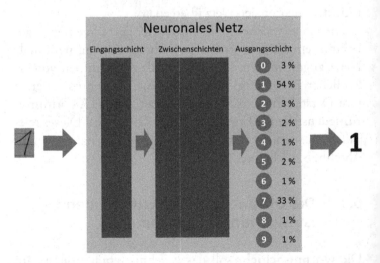

Abb. 6.3 Output-Schicht eines neuronalen Netzes zur Ziffernerkennung

Im Fall der Sentiment-Analyse von Twitter gibt es nur zwei mögliche Ergebnisse, positiv oder negativ. Dementsprechend hat das neuronale Netz zwei Output-Knoten, wieder mit einer Zahl zwischen 0 und 1 als Wahrscheinlichkeit. Der Tweet wird als positiv gewertet, wenn die Zahl des Positiv-Knoten größer als 0,5 ist.

Beim Schachspiel wollen wir als Ergebnis den besten Zug erhalten. Repräsentieren wir jeden möglichen Zug als Knoten, dann sollte das neuronale Netz jeden Zug mit einer Wahrscheinlichkeit versehen, die angibt, ob das der beste Zug ist. Der Zug mit der höchsten Wahrscheinlichkeit wird gewählt.

Allgemein kann man sagen, dass die Output-Schicht aus einem Knoten besteht, wenn ein Wert zurückgegeben wird. Handelt es sich um einen Klassifikationsalgorithmus, kann die Output-Schicht entweder aus nur einem Knoten bestehen (der die Klasse zurückgibt) oder aus so vielen Knoten, wie es Klassen gibt. Im letzten Fall trägt jeder Knoten dann eine Wahrscheinlichkeit für die Klasse.

6.1.3 Zwischenschichten

Zwischen der Input- und der Output-Schicht liegen eine oder mehrere **Zwischenschichten**, im Englischen als *hidden layers* bezeichnet. Die Anzahl der Zwischenschichten sowie die Anzahl der Knoten in den Schichten bilden die wichtigsten Parameter, die die Struktur – als Topologie bezeichnet – des neuronalen Netzes bestimmen. Man spricht dabei von sogenannten Hyperparametern. Diese müssen gewählt werden, bevor das neuronale Netz anfängt zu lernen, da sie ja bestimmen, wie das neuronale Netz funktioniert.

Über die Anzahl der Zwischenschichten gibt es einige Forschungsarbeiten, trotzdem gibt es leider noch keine klaren Regeln. Es ist also eine Kombination aus Erfahrung mit ähnlichen Problemen und Experimenten.

Vor einiger Zeit galten ein oder zwei Zwischenschichten als genug. Man kann theoretisch zeigen, dass eine Zwischenschicht ausreicht, um eine beliebige stetige Funktion zu lernen, und zwei Zwischenschichten reichen für fast jede beliebige Funktion. Daher galt eine Zeit lang, dass zwei Zwischenschichten genügen. Allerdings stellte sich heraus, dass das nicht immer stimmt. Mittlerweile gibt es einen ganzen Bereich, nämlich Deep Learning, der sich mit tiefen neuronalen Netzen – also Netzen mit vielen Schichten – beschäftigt und beachtliche Erfolge erzielt. Die universelle Approximation beliebiger Funktionen ist zwar korrekt, aber nur theoretisch, da sie zwei Dinge vernachlässigt: Es werden nämlich zum einen keine Einschränkungen an die Weite des neuronalen Netzes gemacht, d. h., es sind eventuell sehr viele Knoten nötig. Zum anderen sagt sie nichts über die tatsächliche Lernbarkeit aus, also mit welcher Geschwindigkeit das neuronale Netz die Funktion annähert. Das ist in der Praxis von entscheidender Bedeutung, da nur ein endlicher Trainingsdatensatz zur Verfügung steht. Auch wenn dieser absolut gesehen sehr groß erscheint, ist er im Verhältnis zu der Anzahl der Parameter meist eher klein. Zudem ist es aufwendig, einen großen gelabelten Trainingsdatensatz zu erstellen. Insbesondere bei komplexen Problemen haben tiefere neuronale Netze einen Vorteil.

Auch die Anzahl der Knoten pro Schicht muss gewählt werden. Als Faustregel gilt, dass diese zwischen der Anzahl der Knoten der Output-Schicht und der der vorherigen Schicht liegt. Leider gibt es auch hier keine allgemeinen Regeln, sodass man auf Experimente und Erfahrung angewiesen ist. Zu wenige Knoten können dazu führen, dass der Lernalgorithmus nicht konvergiert. Konvergenz bedeutet in diesem Fall, dass die Fehlerquote im Laufe des Lernens immer weiter abnimmt und sich einem Wert annähert. Sind nun zu wenige Knoten vorhanden, dann springt die Fehlerquote auch nach vielen Lerndurchgängen immer noch hin und her. Zu viele Knoten hingegen bergen die Gefahr des Overfittings, also der Überanpassung an den Trainingsdatensatz: Mit jedem Knoten kommen Parameter hinzu, welche gelernt werden müssen; und mehr zu lernende Parameter erfordern einen größeren Trainingsdatensatz, dessen Beschaffung wiederum mit erheblichem Aufwand verbunden ist. Generell beginnt man eher mit zu vielen Knoten und reduziert die Anzahl dann durch Optimierungsverfahren.

Wie kann nun eine gute Struktur des neuronalen Netzes gefunden werden? Statt den Lerndatensatz nur in einen Trainings- und einen Testdatensatz zu teilen, wird zusätzlich noch ein Validierungsdatensatz gebildet. Wie bei allen Maschine-Learning-Algorithmen wird der Trainingsdatensatz für das Lernen der Parameter, hier also des neuronalen Netzes, verwendet. Will man mehrere verschiedene neuronale Netze testen, zum Beispiel solche mit einer unterschiedlichen Anzahl von Zwischenschichten, dann überprüft man mit dem Validierungsdatensatz, welche Variante am besten abschneidet. Man sagt, der Validierungsdatensatz ist für die Optimierung der Hyperparameter zuständig. Mit Hyperparametern bezeichnet man Parameter wie die Anzahl der Zwischenschichten und die Anzahl der Knoten, die die Topologie eines neuronalen Netzes bestimmen.

Ganz wichtig ist es, den Testdatensatz bis zum Ende unangetastet zu lassen. Dieser darf nur ganz zu Schluss zum Einsatz kommen, um die Güte des Algorithmus zu bestimmen. Würden wir Daten daraus schon bei der Bestimmung der Hyperparameter oder sogar schon in der Lernphase verwenden, könnten wir keine verlässliche Aussage über die Leistungsfähigkeit des neuronalen Netzes bei einem unbekannten

Datensatz machen. Das ist vergleichbar mit einer Übersetzungsaufgabe in einer Englisch-Klausur: Man kann die allgemeine Übersetzungsfähigkeit nicht beurteilen, wenn in der Aufgabe Sätze verwendet werden, die vorher genau so eingeübt wurden. Damit würde man nur die Fähigkeit des Auswendiglernens abprüfen.

6.1.4 Verbindungen

Die Knoten einer Schicht sind mit den Knoten der vorherigen Schicht verbunden, jedoch gibt es (außer bei rekurrenten neuronalen Netzen) keine Verbindungen innerhalb einer Schicht. Es stellt sich die Frage, welcher Knoten der vorherigen Schicht mit welchem Knoten der aktuellen Schicht verbunden werden soll. In den meisten Fällen macht man es sich einfach: Jeder Knoten erhält eine Verbindung zu jedem Knoten der vorherigen Schicht. Diese Schicht bezeichnet man als **fully connected layer** oder auch als **dense layer**.

Jede Verbindung bekommt ein Gewicht zugeordnet, also eine Zahl, mit der der Wert des ausgehenden Knotens multipliziert wird.

Es gibt noch andere Verbindungsarten. Bei einem **convolution layer** (dt. Faltungsschicht) werden nah beieinanderliegende Knoten auf einen Knoten reduziert, wobei die Gewichte alle gleich sind. Diese Art von Schichten hat als Grundidee, dass nur ein Ausschnitt des gesamten Inputs verarbeitet wird. Das zugehörige neuronale Netz, welches mehrere solcher Faltungsschichten besitzt, heißt *convolutional neural network* (CNN) und hat seinen Ursprung in der Bilderkennung (Abschn. 6.5). Diese Art von Netzen wird mittlerweile auch in anderen Bereichen erfolgreich eingesetzt.

Ein **pooling layer** (am besten mit Aggregationsschicht übersetzt) reduziert ebenfalls die Anzahl der Knoten. Genau wie bei einem convolution layer werden nah beieinanderliegende Knoten auf einen Knoten reduziert. Aggregation ist allerding etwas viel versprochen, denn es wird einfach der höchste Wert weitergeleitet. Pooling layer kommen ebenfalls in CNNs zum Einsatz.

Wie zu Beginn des Kapitels erwähnt, gibt es auch die Klasse der rekurrenten neuronalen Netze (Abschn. 6.5). Dort werden Rückkopplungseffekte eingebaut. Dazu erlaubt man Verbindungen innerhalb einer Schicht und von der aktuellen zu späteren Schichten. Die Verbindungen innerhalb einer Schicht können sowohl von dem Knoten selbst kommen als auch von anderen Knoten der Schicht. Durch diese Strukturen kann eine Art Gedächtnis konstruiert werden.

6.1.5 Aktivierungsfunktion

Die ankommenden Werte werden im Knoten aufsummiert. Diese Aggregationsfunktion nennt man Übertragungsfunktion. In der Praxis wird meist die einfache Summation als Übertragungsfunktion verwendet, nur selten kommen andere Funktionen zu Einsatz. (Theoretisch wären auch andere Aggregationsfunktionen wie die Multiplikation der Werte denkbar.) Um das Ganze aber etwas flexibler zu gestalten, hat jeder Knoten eine Aktivierungsfunktion, d. h., nach der Aggregation wird der Wert durch diese Funktion noch verändert (Abb. 6.4).

Als Aktivierungsfunktion haben sich verschiedene Funktionen als nützlich erwiesen (Abb. 6.5):

Die **Schwellenwertfunktion** hat den Wert 0 bis zu einem bestimmten Schwellenwert, danach den Wert 1.

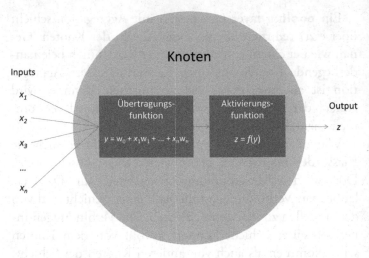

Abb. 6.4   Aufbau eines Knotens

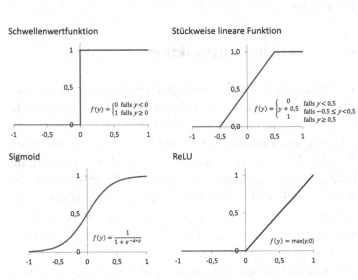

Abb. 6.5   Verschiedene Aktivierungsfunktionen

Eine **stückweise lineare Funktion** ersetzt den harten Sprung der Schwellenwertfunktion durch eine Gerade. Sie ist also zuerst 0, dann macht sie einen Knick und steigt an, bis sie den Wert 1 erreicht. Dann folgt wieder ein Knick und der Wert bleibt bei 1.

Vor einigen Jahren war der Einsatz von **Sigmoid-Funktionen** sehr beliebt, da diese schöne mathematische Eigenschaften haben. Allerdings hat die Bedeutung dieser Funktionsklasse wieder abgenommen und wurde durch effizientere Funktionen ersetzt. Sigmoid-Funktionen sind Funktionen, die die Knicke der stückweise linearen Funktion „glatt" machen, also einen weichen Übergang (mathematisch: differenzierbar) zwischen 0 und 1 herstellen. Das erfüllen Funktionen wie zum Beispiel den Tangens hyperbolicus oder die logistische Funktion, welche wie folgt aussieht:

$$f(x) = \frac{1}{1 + e^{-x}}$$

Ein Gleichrichter (engl. *rectifier*) ist 0, falls der Eingangswert negativ ist, und sonst gleich dem Eingangswert x, also $\max(x, 0)$. Diese Funktion wird oft auch als **ReLU-Funktion** bezeichnet. ReLU steht für *rectified linear unit* und bezeichnet eigentlich den Knoten inklusive des Gleichrichters. Solche ReLUs haben sich als sehr effektiv herausgestellt und sind aktuell die am weitesten verbreiteten Knoten.

6.2 Und so spielen die Teile zusammen

Nun wollen wir uns ansehen, wie ein neuronales Netz wirklich rechnet. Dazu gehen wir die Berechnungen in einem elementaren neuronalen Netz Schritt für Schritt durch.

Unser neuronales Netz besteht nur aus zwei Schichten mit jeweils zwei Knoten, der Input- und der Output-Schicht. Die beiden Knoten der Input-Schicht sind jeweils mit den beiden Knoten der Output-Schicht verbunden. Die Gewichte dieser Verbindungen wurden anhand eines Trainingsdatensatzes gelernt (Abschn. 3.1.2). Kommt nun ein neuer Datensatz bei den Input-Knoten an, werden diese mit den Gewichten multipliziert, dann in den Output-Knoten summiert und anschließend in die Aktivierungs-funktion gesteckt (Abb. 6.6).

Im Endeffekt ist die Berechnung also ziemlich leicht. Das muss sie auch sein, denn die neuronalen Netze, die in der Praxis eingesetzt werden, sind natürlich viel größer, haben zum Teil Tausende von Knoten und erfordern dementsprechend hohe Rechenleistung. Allerdings ist die benötigte Rechenleistung meistens überschaubar, wenn es nur um die Anwendung geht, der Lernprozess also schon abgeschlossen ist. Mittlerweile gibt es Anwendungen, die auf Smartphones

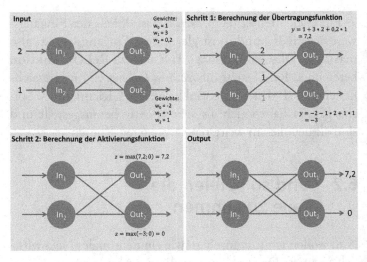

Abb. 6.6 Vom Input zum Output in einem neuronalen Netz

laufen können. Es gibt aber auch Ausnahmen wie das Sprachmodell BERT von Google, welches in der ursprünglichen Version 24 Zwischenschichten mit jeweils 1024 Knoten und 340 Millionen Parameter besitzt [4]. Daher wird auch daran geforscht, die neuronalen Netze zu verkleinern, ohne dass Qualität eingebüßt wird. Für BERT gibt es zum Beispiel 24 kompaktere Versionen, von einem sehr kleinen Netz mit nur 2 Zwischenschichten mit je 128 Knoten und 4,4 Millionen Parametern bis zu 12 Zwischenschichten mit 768 Knoten mit 110 Millionen Parametern. Natürlich performen die kleineren neuronalen Netze schlechter als größere. Die Frage ist aber, wie viel schlechter [5]?

Der Lernprozess hingegen ist für alle neuronalen Netze aufwendig.

6.3   Wie lernt ein neuronales Netz?

Damit Maschinen lernen können, benötigen wir ein Maß für die Güte; neuronale Netze bilden da keine Ausnahme. Statt einer Gütefunktion, die möglichst groß werden soll, macht man es allerdings genau umgekehrt und definiert eine Verlustfunktion. Diese gilt es dann so klein wie möglich zu machen, um das bestmögliche Ergebnis zu erhalten. Wollen wir zum Beispiel eine Klassifikationsaufgabe mit Hilfe eines neuronalen Netzes angehen, dann zählen wir einen Treffer mit 0 und eine Fehlklassifikation mit 1. Die Summe der Fehler, geteilt durch die Gesamtanzahl, ist dann die **Verlustfunktion**, die minimiert werden soll. Wäre sie 0, dann würde keine Fehlklassifikation auftreten und jedes Beispiel aus dem Trainingsdatensatz würde korrekt eingeordnet werden.

Die Technik, eine Verlustfunktion zu minimieren, wird bei fast allen Machine-Learning-Algorithmen verwendet. Auch klassische statische Schätzverfahren wie die lineare

Regression benutzen eine Verlustfunktion, um die optimalen Parameter zu bestimmen (Abb. 6.7). Bei der gewöhnlichen linearen Regression handelt es sich um die Methode der kleinsten Quadrate. Dabei werden die Abweichungen der Geraden von den Datenpunkten quadriert und aufsummiert. Die Parameter der Geraden werden dann so bestimmt, dass diese Summe möglichst klein wird. Bei Klassifikationsaufgaben wird meistens eine logarithmische Verlustfunktion verwendet (Abschn. 5.4.3).

6.3.1 Gradient Descent: Wo geht's zur Talsohle?

Zurück zum neuronalen Netz. Zuerst werden die Gewichte zufällig gesetzt. Dann wird mit jedem Durchlauf berechnet, wie die Parameter, also die Gewichte an den Verbindungen, zu ändern sind, um die Verlustfunktion kleiner zu machen.

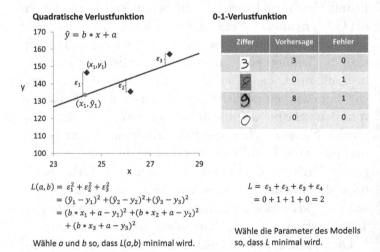

Quadratische Verlustfunktion

$\hat{y} = b * x + a$

$$L(a,b) = \varepsilon_1^2 + \varepsilon_2^2 + \varepsilon_3^2$$
$$= (\hat{y}_1 - y_1)^2 + (\hat{y}_2 - y_2)^2 + (\hat{y}_3 - y_3)^2$$
$$= (b * x_1 + a - y_1)^2 + (b * x_2 + a - y_2)^2$$
$$+ (b * x_3 + a - y_3)^2$$

Wähle a und b so, dass $L(a,b)$ minimal wird.

0-1-Verlustfunktion

Ziffer	Vorhersage	Fehler
3	3	0
8	0	1
9	8	1
0	0	0

$$L = \varepsilon_1 + \varepsilon_2 + \varepsilon_3 + \varepsilon_4$$
$$= 0 + 1 + 1 + 0 = 2$$

Wähle die Parameter des Modells so, dass L minimal wird.

Abb. 6.7 Verlustfunktionen bei linearer Regression und KNN-Klassifikation

Dafür stellt man sich die Verlustfunktion als Funktion der Parameter vor. Das ist sie ja, wenn auch zwischendrin das ganze neuronale Netz durchlaufen wird. Nun berechnet man die Ableitung dieser Funktion, denn die Ableitung gibt die Steigung bzw. das Gefälle an einem Punkt an. Geht man nun von dem Punkt ein Stück nach links, wenn die Ableitung positiv ist, und nach rechts, wenn die Ableitung negativ ist, dann ist man an einem tieferen Punkt als vorher. Wiederholt man das, dann landet man irgendwann bei einem Minimum. Aber Achtung: Es muss sich nicht um das globale Minimum der Funktion handeln, sondern es kann auch ein lokales Minimum sein. Wo man landet, hängt vom Ausgangspunkt ab (Abb. 6.8).

Ein weiterer kritischer Punkt ist die Schrittweite. Ist diese zu groß, dann überspringt man eventuell das Minimum. Ist sie zu klein, dann dauert es sehr lange, bis man beim Minimum angekommen ist oder man bleibt in einer kleinen Senke stecken. Die Schrittweite wird als Lernrate bezeichnet.

Ein neuronales Netz hat aber nicht nur einen Parameter, sondern Tausende. Das Verfahren funktioniert im Mehrdi-

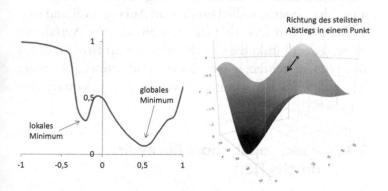

Abb. 6.8 Lokales und globales Minimum in ein und zwei Dimensionen

mensionalen ganz genauso und die Ableitung wird zum Gradienten verallgemeinert.

Bei zwei Parametern kann man es sich gut als Wanderung in einer Landschaft vorstellen, denn zusammen mit der Verlustfunktion befinden wir uns in einer dreidimensionalen Landschaft mit Bergen und Tälern. Nun geht man von dem Anfangspunkt aus immer in Richtung des steilsten Abstiegs. Nach einiger Zeit kommt man dann in einem Tal an.

Nun hat man es bei neuronalen Netzen mit sehr großen Trainingsdatensätzen zu tun. Diese sind allerdings auch nötig, da es so viele Parameter gibt. Den Gradienten auszurechnen ist entsprechend aufwendig. Daher variiert man die Methode und setzt das Verfahren des **stochastic gradient descent** ein. Dazu wird statt des ganzen Trainingsdatensatzes nur ein einziges Beispiel gewählt und dafür der Gradient der Verlustfunktion berechnet. Das Beispiel wird jedes Mal zufällig ausgewählt, daher der Vorsatz *stochastic*. Statt eines einzigen Beispiels kann auch eine kleine, zufällig ausgewählte Teilmenge, ein sogenanntes Mini-Batch, verwendet werden. Das wirkt sich dann positiv auf den Lernverlauf aus.

Die **Lernrate**, also die Schrittweite beim Abstieg, ist ein wichtiger Faktor für die Geschwindigkeit des Lernalgorithmus. Idealerweise ist die Lernrate am Anfang groß und später kleiner. Mittlerweile benutzt man adaptive Verfahren, die an jedem Punkt die Oberflächenstruktur bzw. Steilheit, also den Gradienten, und auch den Gradienten 2. Ordnung (vorstellbar als Krümmung) sowie die letzte Lernrate einbeziehen.

6.3.2 Backpropagation: Rückwärts durchs Netz

Ein neuronales Netz wird nach und nach besser, nämlich durch das Stochastic-Gradient-Descent-Verfahren, das versucht, die Verlustfunktion zu minimieren. Es steht aber noch die Frage im Raum, wie man effektiv den dafür benötigten Gradienten berechnet. Nachdem ein Trainingsbeispiel in das Netz eingefüttert wurde, erhalten wir an den Output-Knoten das Ergebnis und können den Wert der Verlustfunktion berechnen.

Die Verlustfunktion für ein feststehendes Trainingsbeispiel können wir uns auch als Funktion vorstellen, die als Input die Gewichte des neuronalen Netzes hat. Nun suchen wir davon den Gradienten, also die mehrdimensionale Ableitung. Dann können wir in die Richtung des steilsten Abstiegs gehen.

Die Methode zur Berechnung der Ableitung der Verlustfunktion bezüglich der Gewichte nennt man Backpropagation. Der Name kommt daher, dass man rückwärts durch das neuronale Netz läuft. Die Ableitung bzgl. der Gewichte aus der Output-Schicht wird als erstes berechnet. Anschließend kann man mit Hilfe dieser Ableitungen die Ableitungen der vorherigen Schicht berechnen usw. Die Mathematik dahinter ist zwar nicht sonderlich schwierig, aber es ist doch ein bisschen komplex und würde den Rahmen hier sprengen. Eine exzellente Erklärung findet man in einem Blog-Beitrag von T. Hill [7].

> *Gradient descent* bedeutet, die Gewichte in Richtung des steilsten Abstiegs der Verlustfunktion zu verändern, um die Verlustfunktion zu minimieren.
>
> *Backpropagation* ist das Verfahren, rückwärts durch das neuronale Netz zu laufen und dabei die Ableitungen der Verlustfunktion bezüglich der Gewichte zu berechnen. Diese werden benötigt, um den steilsten Abstieg zu finden.

6.4 Rechenpower satt durch Grafikkarten

Das Training von neuronalen Netzen ist sehr rechenintensiv und damit trotz der heutigen niedrigen Preise für Rechenleistung, die man sich in der Cloud kurzfristig und nach Bedarf mieten kann, teuer. Das Programm AlphaGo Zero, welches übermenschliche Spielstärke in Go erreicht hat und auf neuronalen Netzen basiert, hat zwar nur 3 Tage für das Training gebraucht, in der Zeit aber knapp 5 Millionen Partien Go gegen sich selbst gespielt. Dafür waren einer Schätzung zufolge ca. 6400 TPUs notwendig. TPUs sind speziell auf neuronale Netze designte Chips von Google. 2017 hätte ein Endverbraucher für diese Rechenleistung ungefähr drei Millionen US-Dollar bezahlt. Die zweite Version von AlphaGo Zero wurde sogar 40 Tage trainiert [8].

XLNet, welches aktuell eines der besten neuronalen Netze im Bereich Natural Language Processing ist, brauchte für die Trainingsphase 512 TPUs für 2,5 Tage. Dafür würde man zwar deutlich weniger, aber immer noch 240.000 US$ bezahlen. Andere Quellen interpretieren die veröffentlichen Spezifikationen anders und gehen von „nur" 60.000 US$ aus, weil auf einer TPU-Einheit vier TPU-Chips untergebracht sind.

Statt der speziellen TPU-Prozessoren, welche nur in Googles Cloud-Dienst zur Verfügung stehen, kommen normalerweise GPUs zum Einsatz. GPUs sind Grafik-Prozessoren, die eigentlich für Computer-Spiele optimiert sind. Allerdings ähneln sich die Anforderungen, die für 3D-Grafik und für neuronale Netze benötigt werden.

Warum kann man nicht einfach normale Computerprozessoren, also CPUs (*central processing units*) verwenden? Das geht natürlich auch, denn die CPUs sind die Allrounder unter den Prozessoren. Allerdings sind GPUs und TPUs besser auf die benötigten Rechenoperationen optimiert und damit viel schneller.

GPU: Spiele-Power zweckentfremdet
Die **graphics processing unit**, kurz GPU, bezeichnet einen Prozessor, der auf die Berechnung von Befehlen, die für die Grafikdarstellung benötigt werden, optimiert ist. Eine oder mehrere GPUs können in der CPU, onboard (auf der Hauptplatine), auf einer internen Grafikkarte oder in externen Erweiterungsboxen sein.

Die GPU ist für 3D-Berechnungen ausgelegt. Typische Aufgaben sind geometrische Berechnungen wie Rotation, das Projizieren eines Bildes auf ein geometrisches Objekt (*texture mapping*) oder die Simulation von Oberflächeneigenschaften (*shading*). Dafür sind vor allem Matrix- und Vektorberechnungen notwendig, also lineare Algebra. Zudem sind GPUs hochgradig parallelisiert, sie können also mehrere Datenblöcke gleichzeitig verarbeiten.

Diese Kombination aus Parallelisierung und linearer Algebra machen GPUs effektiv für die Berechnungen in neuronalen Netzen; denn im Grunde sind die meisten Berechnungen in einem neuronalen Netz Matrix-Rechnungen.

Werden als Input zum Beispiel verschiedene Attribute wie Größe, Gewicht, Alter usw. verwendet, dann ist das ein Vektor. Haben wir nun einen Datensatz mit vielen Beobachtungen, dann bilden diese eine Matrix: Jede Beobachtung entspricht einer Zeile. Auch das Multiplizieren der Gewichte eines neuronalen Netzes mit den Knotenwerten entspricht der Multiplikation einer Matrix mit einem Vektor.

Ist der Input ein Schwarz-Weiß-Bild, dann bilden die Punkte des Bildes eine Matrix. Bei einem Farbbild kommt als dritte Dimension die Farbinformation hinzu. Mehrdimensionale Matrizen nennt man Tensoren; sie spielen eine große Rolle im maschinellen Lernen. Das populärste Neuronale-Netze-Framework heißt demnach auch Tensorflow.

TPU: Die Spezialeinheit
TPU steht für **tensor processing unit** und ist ein Prozessor, der von Google speziell für Berechnungen im maschinellen Lernen entwickelt wurden, genauer gesagt für das Tensorflow-Framework. GPUs sind zwar auch sehr gut dafür geeignet, allerdings sind sie für Grafikaufgaben optimiert. Weil Grafikaufgaben eine hohe Genauigkeit erfordern, sind GPUs auf Rechenoperationen von 32- und 64-Bit-Zahlen ausgelegt. Im Computer werden Dezimalzahlen als sogenannte Gleitkommazahlen dargestellt. Die Anzahl der Bits gibt an, wie viel Platz eine Kommazahl belegen darf. Je mehr Bits zur Verfügung stehen, desto exakter kann gerechnet werden. 32 und 64 Bit haben sich als Standard etabliert.

TPUs sind hingegen auf ein hohes Volumen von Berechnungen mit niedrigerer Genauigkeit optimiert. Sie benutzen nur 16-Bit-Zahlen, was einen Geschwindigkeitsvorteil bringt. Die Genauigkeit reicht für maschinelles Lernen aus. Zudem ist die Architektur der TPUs nur auf Matrix-Rechnungen ausgelegt; die GPU ist, obwohl an sich auf Grafik spezialisiert, viel allgemeiner. Das ermöglicht es der TPU, auf das Zwischenspeichern von Ergebnissen zu verzichten und entsprechend effizienter zu arbeiten [9].

Datenparallelisierung
Es gibt zwei Arten von Parallelisierungen, die im maschinellen Lernen zum Einsatz kommen. Bei der Datenparallelisierung werden die Trainingsdaten in Häppchen zusammengeklebt. Anstatt jeden Datenpunkt einzeln durch das neuronale Netz zu schicken, werden mehrere gleichzeitig verarbeitet. Wenn dank dieser parallelen Architektur gleich-

zeitig acht Bilder verarbeitet werden können, und zwar in der gleichen Zeit wie sonst ein Bild, reduziert dies die Zeit massiv. Diese Häppchen nennt man Mini-Batches.

Modellparallelisierung

Bei der Modellparallelisierung wird die Gewichtsmatrix in mehrere Untermatrizen aufgeteilt, die dann parallel weiterverarbeitet werden. So könnte man zum Beispiel eine Matrix mit 1000×1000 Einträgen in vier 1000×250-Matrizen aufteilen und diese dann gleichzeitig optimieren. Am Ende werden die Ergebnisse wieder zusammengefügt.

> Die Erfolge der neuronalen Netze sind erst dadurch möglich geworden, dass deren Lernprozess durch immer leistungsstärkere GPUs und TPUs massiv beschleunigt werden konnte.

6.5   Der Neuronale-Netze-Zoo

Neben dem normalen Feed-Forward-Netz gibt es eine ganze Reihe von Variationen, die eine etwas andere Architektur haben und sich für gewisse Aufgaben als besonders geeignet erwiesen haben.

CNN: Convolutional Neural Network

CNNs haben große Erfolge im Bereich Bilderkennung erzielt und sind de facto zum Standard für visuelle Aufgaben geworden. Die Idee dahinter ist, dass nicht alle Knoten miteinander verbunden werden, sondern nur mit den Knoten der näheren Umgebung. Das ist dem visuellen Cortex abgeschaut, bei dem Neuronen nur für einen Teil des Sehfeldes zuständig sind. Im Prinzip wird also der Input in Ausschnitte eingeteilt, die innerhalb einer Schicht separat verarbeitet werden. In der nächsten Schicht werden dann einige dieser Blöcke zusammengeführt. Diese zwei Arten von Schichten können mehrfach wiederholt werden.

Sei der Input ein Schwarz-Weiß-Bild der Größe 28 × 28 Pixel. Als Bildausschnitt, welcher Pixel für Pixel über das gesamte Bild wandert, wählen wir 5 × 5 Pixel. Jeder dieser Ausschnitte ist mit einem Knoten der nächsten Schicht verbunden, sodass wir 24 × 24 Knoten erhalten. Dieses Vorgehen nennt man **Faltung** (engl. *convolution*). Im nächsten Schritt werden nahe beieinanderliegende Knoten zusammengefasst, indem von jeweils 2 × 2 Knoten das Maximum gewählt wird, sodass die nächste Schicht nur noch aus 12 × 12 Knoten besteht. Das ist die **Pooling-Schicht**. Diese beiden Schichten werden wiederholt, sodass wir bei 8 × 8 und nach dem Pooling bei 4 × 4 Knoten landen. Am Ende ergänzen wir noch eine vollständig verbundene Schicht, die zu den Outputs führt (Abb. 6.9).

CNNs werden mittlerweile nicht nur bei Bilderkennung, sondern in vielen Bereichen wie Natural Language Processing, Aktienkursvorhersagen oder Recommender Engines mit Erfolg eingesetzt.

RNN: Recurrent Neural Network

Rekurrente Netze besitzen die Möglichkeit einer Feedback-Schleife. Das Konzept selbst ist schon relativ alt und wurde in den 1980er-Jahren entwickelt. Im Gegensatz zum gewöhnlichen Feed-Forward-Netz, welches die Werte von einer Schicht zur nächsten weitergibt, erhält ein rekurrentes Netz auch den aktuellen Zustand der aktuellen Schicht als Input (Abb. 6.10). Es geht auch noch komplexer, indem Knoten der verschiedensten Schichten miteinander verbunden werden.

Man kann diese Verbindungen als Gedächtnis interpretieren, wenn jeder Schritt durch das neuronale Netz als Zeitpunkt angesehen wird. Das ist zum Beispiel bei Text

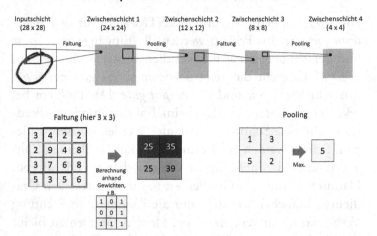

Abb. 6.9 Convolutional Neuronal Network

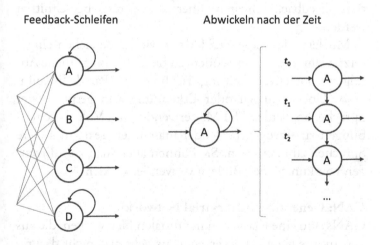

Abb. 6.10 Das Prinzip eines RNNs

sehr sinnvoll, denn die vorherigen Wörter sind wichtig für den Kontext, in dem das aktuelle Wort steht.

Eine Weiterentwicklung von RNNs sind die LSTMs, welche von Sepp Hochreiter und Jürgen Schmidhuber im

Jahr 1997 eingeführt wurden. **LSTM** steht für *long short-term memory*. Im Prinzip werden die Eingänge für Inputs und der Vergangenheit mit Ventilen versehen, die steuern, wie viel Gewicht die Teile bekommen. Es gibt ein *input gate*, ein *forget gate* und ein *output gate*. Das Problem bei rekurrenten Netzen ist, dass beim Training durch das Feedback sehr viele Schritte durchlaufen werden müssen. In jedem Schritt werden zur Bestimmung des Gradienten Zahlen miteinander multipliziert, die zwischen 0 und 1 liegen. Dadurch werden die Gradienten immer kleiner. Den Gradienten brauchen wir aber, um die Parameter in Richtung Verbesserung zu verändern; bei kleinen Gradienten bleibt die Optimierung im Prinzip stehen. Das Problem nennt sich *vanishing gradient problem*. LSTMs lösen es, indem zu tiefe Feedback-Schleifen über die gates abgeschnitten werden.

Mittlerweile werden LSTMs in vielen Bereichen eingesetzt, wenn es sich um Sequenzen handelt, also zeitliche Abfolgen. Sprachverarbeitung ist hier die Paradedisziplin, z. B. Übersetzungen oder Erkennung von gesprochener Sprache. So werden LSTMs verwendet, um Videobeschreibungen zu erzeugen [10] oder maschinell Texte in andere Sprachen zu übersetzen. Sie können aber auch zum Erzeugen von künstlichen Bildern verwendet werden.

GAN: Generative Adversarial Network

GANs sind eine Klasse von neuronalen Netzwerken, die aus den Inputs neue Daten erzeugt. Es geht also nicht darum, eine Klassifikation oder Regression durchzuführen. Ein GAN wird mit Fotos von Gesichtern trainiert, um dann neue Porträts zu erschaffen.

Im Jahr 2018 wurde bei einer Auktion ein Kunstwerk namens „Edmond de Belamy, from La Famille de Belamy" für 432.500 US$ ersteigert. Das Kunstwerk wurde vom Künstlerkollektiv Obvious mittels eines GAN erstellt und war das erste dieser Art, das versteigert wurde. Interessant sind auch die rechtlichen Aspekte. Robbie Barrat schrieb den ursprünglichen Code und erzeugte sehr ähnliche Bilder wie das verkaufte. Der Verdacht liegt nahe, dass einfach ein Ergebnis seines Algorithmus verkauft wurde. Obvious sagt jedoch, dass sie den Code modifiziert hätten [11].

Neben der Kunst gibt es aber auch praktische Anwendungen von GANs, zum Beispiel das Vergrößern von Bildern. Wenn man ein digitales Bild vergrößert, wird es normalerweise unscharf. GANs werden genutzt, um Details zu ergänzen. Natürlich können keine Informationen zutage gefördert werden, die auf dem Original nicht vorhanden sind. So etwas sieht man manchmal in Kriminalfilmen, wenn das Nummernschild plötzlich lesbar wird. Trotzdem leisten GANs Unglaubliches, wenn sie eine vierfache Vergrößerung erstellen, die kaum vom Original zu unterscheiden ist [12]. Diese Technik wurde zum Beispiel eingesetzt, um ältere Computerspiele mit besserer Grafik auszustatten.

Ebenfalls um Bilder geht es bei dem Einsatz von GANs für Modeunternehmen. Laut einer Studie steigt die Kaufabsicht deutlich, wenn einem Kunden im Onlineshop Fotos von Models angezeigt werden, die dem Kunden ähnlich sind. Durch GANs könnte aus einem Foto eine Vielzahl neuer Bilder erzeugt werden, die dann individuell den Kunden angezeigt werden [13].

Aber GANs sind nicht nur auf Bilder beschränkt. Im Dichten oder Schreiben von Texten sind sie allerdings noch nicht überzeugend. An komplett durch den Computer erzeugte Musik wird ebenfalls gearbeitet; Beispiele findet man im Netz.

Autoencoder

Autoencoder sind dafür da, Repräsentationen der verwendeten Objekte zu erstellen. Ein Autoencoder codiert die ursprünglich vorhandenen Informationen. Statt alle Pixel eines Fotos zu verwenden, werden zum Beispiel nur die charakteristischen Eigenschaften eines Gesichts benutzt. Das wäre ein Fall von Dimensionsreduktion, weil viel weniger Attribute benötigt werden.

Schauen wir uns an, wie wir das Aussehen der zehn Ziffern mit möglichst wenigen Eigenschaften beschreiben könnten. Betrachten wir die Ziffern genauer, fällt auf, dass sie aus wenigen Elementen zusammengesetzt sind (Tab. 6.1).

Die Eigenschaft „Querstrich unten" kann weggelassen werden, da die Zwei auch dann noch eindeutig gegenüber der Vier (zusätzlich senkrechter Strich) und der Sieben (zusätzlich Querstrich oben) charakterisiert ist.

Eine andere wichtige Anwendung von Autoencodern ist die Repräsentation von Wörtern. Eine Idee dabei ist, jedes Wort als Punkt in einem hochdimensionalen Vektorraum darzustellen, d. h., dass man die Wortrepräsentationen addieren bzw. subtrahieren und mit einem Faktor multiplizieren kann. Auch eine Distanzmessung zwischen den Wortrepräsentationen ist möglich. Dies ermöglicht es, Beziehungen zwischen Worten zu beschreiben. So sollten beispielsweise Ländernamen wie Deutschland und Frankreich nahe beieinanderliegen. Auch Verhältnisse zwischen Worten lassen sich als Rechnung abbilden: „groß" und „größer" liegen nahe beieinander, „klein" und „kleiner" auch; *größer – groß + klein* sollte ungefähr bei *kleiner* liegen. Das populärste Beispiel handelt jedoch von König und Königin: *König – Mann + Frau = Königin*. Das Beispiel stammt ursprünglich aus dem Englischen und zeigt, dass es nicht um die Ähnlichkeit von König und Königin auf Buchstabenebene geht: *King – Man + Woman = Queen*. Solche Algorithmen, **Word2Vec** genannt, schaffen es, semantische Beziehungen zwischen Wörtern zu erkennen und abzubilden.

Tab. 6.1 Encoding für die ersten zehn Ziffern

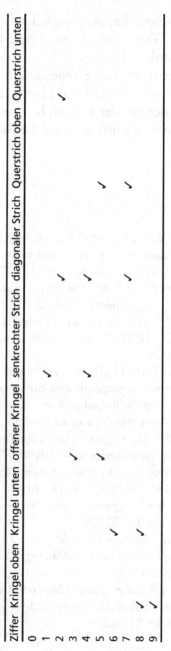

Damit sie das leisten können, werden sie anhand einer riesigen Zahl von Texten, welche den sogenannten **Textkorpus** bilden, trainiert [14].

Autoencoder haben keine neue Struktur, sondern können ganz normale Feed-Forward-Netze sein, aber auch RNN, CNN oder eine der anderen Klassen angehören. Der Autoencoder lernt eigenständig, welche Repräsentation geeignet ist.

Literatur

1. McCulloch WS, Pitts W (1943) A logical calculus of the ideas immanent in nervous activity. Bull Math Biophys 5(1943):115–133. https://doi.org/10.1007/BF02478259
2. Schmidhuber J (2013) My first deep learning system of 1991 + deep learning timeline 1960-2013, http://people.idsia.ch/~juergen/firstdeeplearner.html. Zugegriffen am 08.05.2020
3. Aggarwal CC (2018) Neural networks and deep learning. Springer, Berlin
4. Devlin et al (2018) BERT: pre-training of deep bidirectional transformers for language understanding. arXiv:1810.04805
5. Turc et al (2019) Well-read students learn better: on the importance of pre-training compact models. arXiv:1908.08962
6. Synced (2019) The staggering cost of training SOTA AI models. https://syncedreview.com/2019/06/27/the-staggering-cost-of-training-sota-ai-models. Zugegriffen am 29.04.2020
7. Hill T (2018) Machine learning. https://machinelearning.tobiashill.se/part-2-gradient-descent-and-backpropagation. Zugegriffen am 01.05.2020
8. Dan H (o. J.) How much did AlphaGo Zero cost? Dansplaining. https://www.yuzeh.com/data/agz-cost.html. Zugegriffen am 30.03.2020
9. https://cloud.google.com/blog/products/ai-machine-learning/what-makes-tpus-fine-tuned-for-deep-learning. Zugegriffen am 01.05.2020

10. Venugopalan S et al (2015) Sequence to Sequence – Video to Text. arXiv: 1505.00487

11. Cohn G (2018) AI art at Christie's sells for $432,500. New York Times 2018. https://www.nytimes.com/2018/10/25/arts/design/ai-art-sold-christies.html. Zugegriffen am 01.05.2020

12. Ledig C (2016) Photo-realistic single image super-resolution using a generative adversarial Network. arXiv:1609.04802

13. Dietmar J (2019) GANs and deepfakes could revolutionize the fashion industry. https://www.forbes.com/sites/forbestechcouncil/2019/05/21/gans-and-deepfakes-could-revolutionize-the-fashion-industry. Zugegriffen am 01.05.2020

14. Mokolov T et al (2013) Linguistic regularities in continuous space word representations. Proceedings of the 2013 conference of the NAACL. https://www.aclweb.org/anthology/N13-1090.pdf. Zugegriffen am 01.05.2020

7

Data Science in der Praxis

Nun haben wir in den vorherigen Kapiteln schon viele Begrifflichkeiten und einige Beispiele kennengelernt. In diesem Teil geht es um konkrete Anwendungen von Data Science. Wo wird es in unserem Alltag eingesetzt bzw. ist gar nicht mehr daraus wegzudenken? Ich darf schon vorgreifen und sagen, dass Data Science mittlerweile in fast allen Bereichen unseres Lebens eine Rolle spielt. Und das ist ja auch logisch, denn es geht um das Übersetzen von menschlichen Problemen in durch Computer lösbare Probleme.

7.1 Suchmaschinen: Im Alltag unverzichtbar

Suchmaschinen, allen voran Google, sind in unserer vom Internet durchdrungenen Welt unverzichtbar. Aber wie funktionieren diese? In der Anfangszeit des Internets gab es statt voll automatisierter Suchmaschinen tatsächlich von Menschen gepflegte Webkataloge, z. B. der Yahoo-Katalog oder das Open Directory Project DMOZ. Eine Redaktion durchforstete das Internet und sortierte die Webseiten zusammen mit ergänzenden Informationen in Kategorien ein. Der Webkatalog von Yahoo wurde 2014 eingestellt, DMOZ im Jahr 2017. Der Aufwand, tote Links zu entfernen und neue Seiten aufzunehmen, war einfach zu arbeitsintensiv. Heutzutage beschränken sich von Menschen gepflegte Webkataloge auf Spezialgebiete, in denen eine Kuration zu bewältigen und von größerem Mehrwert ist.

Stattdessen „krabbelt" ein Suchalgorithmus – ein sogenannter *Webcrawler* – durch das Internet und versucht, die Milliarden Seiten zu katalogisieren und zu sortieren. Dafür müssen diese Seiten mit einem oder mehreren Schlagwörtern verknüpft werden. Zudem muss der Suchalgorithmus festlegen, wie gut die Seite zu einem Schlagwort passt, also eine Reihenfolge der Seiten zu dem gleichen Begriff festlegen; denn ein Nutzer möchte zu seiner Suchanfrage in Millisekunden die für ihn nützlichsten Webseiten möglichst weit oben in den Suchergebnissen sehen. Tatsächlich fällt die Klickrate zwischen den ersten Ergebnissen schon auf der ersten Suchseite exponentiell ab und die weiteren Seiten werden kaum noch beachtet.

Der genaue Algorithmus ist ein gut gehütetes Unternehmensgeheimnis. Er unterliegt ständigen Änderungen, denn es tobt ein Kampf zwischen tatsächlichem Nutzen und Ausnutzung durch *Search Engine Optimization* (SEO). Dabei handelt es sich um gezielte Maßnahmen, um die eigene Seite im Ranking höher zu platzieren. Früher genügte es dazu, den Suchbegriff möglichst oft im Text vorkommen zu lassen. So wurde eine Zeit lang am Ende der Seite eine lange Liste von potenziellen Suchworten „versteckt", indem als Textfarbe die Farbe des Hintergrunds gewählt wurde. Mittlerweile sind die Algorithmen so ausgeklügelt, dass solche Maßnahmen zum Glück nicht mehr funktionieren und Inhalte immer wichtiger werden. Google selbst sagt, dass ihre Suchmaschine über 200 Rankingfaktoren und jeder davon über 50 Variationen hat [1]. Die Rankingfaktoren und deren Gewichtung werden natürlich nicht veröffentlicht, schließlich böten sie sonst gezielte Manipulations- und auch Nachahmungsmöglichkeiten [2].

Wie so eine Suchmaschine im Allgemeinen funktioniert, ist jedoch bekannt und lässt sich in drei Schritte einteilen:

- **Erfassung**: Mit einem sogenannten Webcrawler wird das Internet systematisch durchsucht und die extrahierten Inhalte werden auf Servern gespeichert.
- **Indizierung**: Kern der Suchmaschine ist der Suchindex. Dahinter verbirgt sich vereinfacht gesagt die Zuordnung von Begriffen zu Webseiten, etwa wie im Stichwortverzeichnis bzw. Index eines Buchs.
- **Bereitstellung**: Die Suchanfrage wird analysiert und aus dem Index werden die passenden Webseiten herausgesucht und in eine Reihenfolge gebracht.

Es gibt eine ganze Reihe von Effizienz-Techniken wie das Zwischenspeichern häufiger Suchanfragen oder die Trennung zwischen dem Index und den Inhalten, die auf der Suchseite angezeigt werden. Das ist notwendig, denn die Datenmengen, die verarbeitet werden, sind gewaltig und wir sind es gewöhnt, dass in Sekundenbruchteilen die Ergebnisse unserer Suche angezeigt werden.

Schauen wir uns die drei Schritte etwas genauer an.

7.1.1 Erfassung

Ein Webcrawler ist eine Software, die durch das World Wide Web „krabbelt" (engl. *crawl*) und dabei Informationen sammelt. Der Webcrawler gelangt dabei durch Links von einer Seite zur nächsten. Ist eine Seite nicht durch einen Link mit schon bekannten Seiten verbunden, dann kann sie durch den Crawler nicht gefunden werden. Solche Seiten bilden zusammen mit nicht frei zugänglichen Seiten das sogenannte Deep Web, welches schätzungsweise 500-mal mehr Daten beinhaltet als das sogenannte Surface Web. Wenn man selbst eine Webseite hat, kann man diese bzw. eine Sitemap bei den gängigen Suchmaschinen registrieren lassen; dann schickt die Suchmaschine den Crawler auch auf diese Seite. Man kann auch Seiten von der Erfassung durch den Crawler ausschließen, wenn man das möchte.

7.1.2 Indizierung

Hat der Crawler nun eine neue Seite gefunden oder Änderungen an einer Seite festgestellt, liest er die Inhalte aus und analysiert diese. Das heißt, dass die für das spätere Ranking wichtigsten Informationen extrahiert werden: zum Beispiel der Titel, sämtliche Überschriften und Links zu anderen Seiten, aber auch Aktualität, Ladegeschwindigkeit oder Nutzbarkeit auf Mobiltelefonen.

Für jedes relevante Wort, das auf der Website vorkommt, wird eine Verknüpfung zu der Seite und zu den extrahierten Informationen im Index gespeichert.

7.1.3 Bereitstellung

Kommen wir nun zum sichtbaren Teil, der Sucheingabe durch den Nutzer. Gebe ich also einen Begriff, mehrere Stichworte oder sogar einen ganzen Satz ein, muss dieser zuerst für das Nachschlagen im Index angepasst werden. Dazu laufen eine ganze Reihe von Umformungen ab. So werden Tippfehler automatisch korrigiert, Füllwörter entfernt oder verschiedene Endungen (z. B. Singular/Plural) ignoriert, indem nur der Wortstamm verwendet wird. Auch können Wörter durch Synonyme ersetzt werden. Allgemein bilden solche Prozesse, menschliche Sprache für Computer nutzbar zu machen, einen Teil von Natural Language Processing (NLP).

Im nächsten Schritt werden diejenigen Seiten aus dem Suchindex herausgefiltert, die mit den Suchbegriffen zu tun haben. Das sind aber immer noch viel zu viele, daher werden diese nun in eine Reihenfolge gebracht. Dafür werden wiederum die Rankingfaktoren verwendet. Ziel ist es, die nützlichsten Seiten ganz oben anzeigen zu können. Neben inhaltlichen Faktoren entscheiden auch technische Faktoren wie die schon genannt Ladegeschwindigkeit über die Reihenfolge. Zudem fließen auch kontextbezogene Informationen mit ein, zum Beispiel der Standort des Suchenden.

Man kann sich das vereinfacht so vorstellen, dass für jede Webseite jeder Ranking-Faktor mit einem Gewicht multipliziert wird und diese Zahlen anschließend aufsummiert werden. Die Seite mit dem höchsten Wert wird auf Platz 1 angezeigt, die mit dem zweithöchsten auf Platz 2 usw.

7.2 Churn-Rate: Bleib doch noch, lieber Kunde

Abos gibt es nicht nur bei Zeitschriften, sondern auch bei unseren Handy-, Versicherungs- und Stromverträgen; sogar Bankkonten gehören dazu. Das Abo-Modell ist also weit verbreitet. Bei allen Dienstleistungen, bei denen eine wiederkehrende Zahlung fällig wird, möchte der Anbieter uns natürlich möglichst lange an sich binden und vermeiden, dass wir zur Konkurrenz wechseln oder einfach so das Abo kündigen.

Als wichtige Kennzahl gilt die **Churn-Rate**, welche den prozentualen Anteil der Abwanderer am gesamten Kundenstamm bezeichnet. Ziel ist es, diese möglichst niedrig zu halten, ohne die Kosten dafür in die Höhe zu treiben.

Idealerweise wüsste man es bereits vorher, wenn ein Kunde abspringen will, und könnte dann durch spezielle Angebote gegensteuern, je nachdem, wie lukrativ der Kunde für das Unternehmen ist.

Gehen wir das Problem mit der Data-Science-Brille an. Die Fragestellung fällt unter die Kategorie *Predictive Analytics*, denn wir möchten eine Vorhersage machen, und umfasst im Prinzip zwei Teilprobleme: Als erstes benötigen wir einen Algorithmus, der für jeden Kunden vorhersagt, wie wahrscheinlich die Abo-Kündigung ist. Überschreitet die Wahrscheinlichkeit einen Schwellwert, dann ist die Gefahr gegeben, dass der Kunde abspringt. Zweitens müssen wir überlegen, wie wir gegensteuern können. Soll der Kundenservice Nachricht erhalten, damit er dem Kunden doch etwas anbietet, um zu bleiben? Oder erfolgt das Angebot sogar vollautomatisch per E-Mail? Dabei wollen wir den Wert des Kunden für das Unternehmen in die Entscheidung einbeziehen, welches Angebot gemacht wird. Das Angebot muss also so an den Kunden angepasst werden, dass die Wahrscheinlichkeit des Bleibens maximiert wird und gleichzeitig die Kosten möglichst gering bleiben.

Nehmen wir als Beispiel die Telekommunikationsbranche und bleiben wir beim ersten Schritt, der Vorhersage, ob ein Kunde seinen Handyvertrag kündigt. Es gibt zwei mögliche Ergebnisse: Der Kunde kündigt oder der Kunde kündigt nicht. Wir haben es also mit einem binären Klassifikationsproblem zu tun. Ein Beispiel dafür haben wir schon in Abschn. 3.2 kennengelernt. Es gibt mehrere Algorithmen, welche für binäre Klassifikationsprobleme geeignet sind:

- Logistische Regression
- Entscheidungsbäume bzw. Random Forest
- Support Vector Machines
- Neuronale Netze

Logistische Regression und Entscheidungsbäume werden häufig bei der Churn-Analyse angewandt [4].

Damit der Algorithmus seine Parameter an das Problem anpassen kann, braucht er einen Trainingsdatensatz. Dazu haben wir beispielsweise in den Unternehmensdaten einen Datensatz mit 2110 Zeilen und 21 Spalten zusammengestellt. Die Zeilen entsprechen den Kunden, die Spalten den Variablen wie Geschlecht, Alter, Vertragsbeginn, Zahlungsweise, Kündigungsfrist etc. und eben der Variablen „gekündigt". Solch einen Musterdatensatz gibt es wirklich und er kann von jedem im Internet heruntergeladen werden [3].

Zuerst führen wir eine explorative Datenanalyse durch, schauen uns also einzelne Variablen und deren Einfluss auf die Kündigung an. So stellt man fest, dass das Geschlecht zum Beispiel keinen Einfluss hat. Dafür sieht man, dass die bisherige Laufzeit und die monatliche Gebühr einen gewissen Einfluss haben.

Nach dem Vorbereiten der Daten, z. B. Ausreißerbereinigung und Skalierung, kann der Klassifikationsalgorithmus angewandt werden. Wichtig ist die Trennung in einen Trainings- und einen Testdatensatz (Abschn. 5.4.2).

Wählen wir als Verfahren die logistische Regression. Die Idee dahinter ist, das Ergebnis einer linearen Regression so zu modifizieren, dass ein Wert zwischen 0 und 1 herauskommt, der als Wahrscheinlichkeit interpretiert werden kann. Dazu wird auf das Ergebnis der linearen Regression, welches theoretisch alle reellen Zahlen annehmen kann, noch eine Funktion angewandt, welche das Ergebnis auf 0

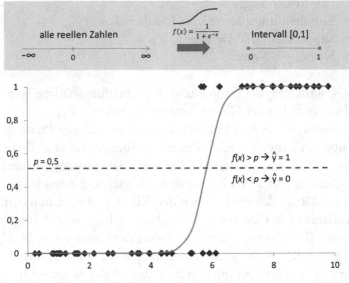

Abb. 7.1 Logistische Regression

bis 1 staucht. Diese Funktion heißt logistische Funktion, daher der Name logistische Regression (Abb. 7.1).

$$f(x) = \frac{1}{1 + e^{-x}}$$

Dieses Ergebnis wird als Wahrscheinlichkeit für das Ereignis, hier also die Kündigung, interpretiert. Nun müssen wir aus der Wahrscheinlichkeit noch eine eindeutige Entscheidung machen, denn als Resultat wollen wir nur „Ereignis trifft zu" oder „Ereignis trifft nicht zu" haben. Dazu müssen wir einen Schwellenwert festlegen; ab z. B. 0,5 gehen wir davon aus, dass das Ereignis eintritt.

Die tatsächliche Anwendung dieses Algorithmus ist recht einfach, da wir nur die entsprechenden Befehle in den

Tab. 7.1 Vierfelder-Tafel zur Vorhersage der Kündigungen

		Vorhergesagte Kündigung	
		Nein	**Ja**
Tatsächliche Kündigung	**Nein**	1364	185
	Ja	249	312

Computer eintippen müssen. Wenden wir nun das Modell auf den Testdatensatz an und wählen als Schwellenwert 0,5, erhalten wir folgendes Ergebnis (Tab. 7.1):

Aus dieser Vierfelder-Tafel berechnen wir Kennzahlen, die uns Aussagen zur Qualität der Vorhersage ermöglichen:

Die Treffergenauigkeit als Anteil der korrekten Vorhersagen, also der Kombinationen ja/ja und nein/nein beträgt

$$\text{Treffergenauigkeit} = \frac{1364 + 312}{1364 + 185 + 249 + 312} = \frac{1676}{2110} = 79\%$$

Die Sensitivität ist die Richtig-Positiv-Rate, also der Anteil korrekt vorhergesagter Kündigungen an den tatsächlichen Kündigungen:

$$\text{Sensitivität} = \frac{312}{249 + 312} = 56\%$$

Schließlich berechnen wir noch die Spezifität, also die Richtig-Negativ-Rate, d. h. der Anteil der korrekt vorhergesagten Nicht-Kündigungen an den tatsächlichen Nicht-Kündigungen:

$$\text{Spezifität} = \frac{1364}{1364 + 185} = 88\%$$

Wenn wir uns die drei Kennzahlen ansehen, fällt auf, dass die Sensitivität recht niedrig ist. Nur etwas mehr als die Hälfte der tatsächlichen Kündigungen wurde erkannt. Dem können wir aber entgegenwirken, indem wir an dem Schwellwert drehen, ab der wir das Ergebnis als Kündigung interpretieren. Je höher der Wert, desto „sicherer" muss sich der Algorithmus sein. Damit sinkt die Sensitivität. Wählen wir einen niedrigeren Schwellwert, steigt die Sensitivität, dafür sinkt aber die Spezifität, da nun mehr Kündigungen vorhergesagt werden. Auch die wichtige Treffergenauigkeit wird durch die Wahl beeinflusst. Wir optimieren den Schwellwert nun so, dass alle drei Parameter möglichst hoch sind.

In unserem Beispiel liefert ein Schwellwert von 0,32 die ausgeglichensten Kennzahlen: Treffergenauigkeit, Sensitivität und Spezifität betragen dann jeweils 76 %. Wir verlieren zwar 3 % Treffergenauigkeit und einiges an Spezifität, aber dafür liegt nun die Sensitivität im grünen Bereich.

In welche Richtung optimiert werden sollte, hängt von der Problemstellung ab. In unserem Fall ist die Sensitivität wichtig, also ob eine Kündigung auch vorhergesagt wird. Dann können wir eine schlechtere Vorhersagekraft beim Verbleib in Kauf nehmen, d. h., im Zweifelsfall erhält jemand eine Sonderbehandlung, auch wenn er gar nicht plant zu kündigen. Im medizinischen Bereich hingegen ist normalerweise die Spezifität ebenfalls sehr wichtig, damit keine falschen Diagnosen gestellt werden.

7.3   Recommender Engine: Kunden kauften auch …

Der Mensch ist ein soziales Wesen, dem die Meinung anderer wichtig ist. Empfehlungen begegnen uns überall. Nicht nur online, sondern auch offline: Man lässt sich in einem

Modegeschäft vom Verkäufer beraten oder man schaut auf die Bestseller-Liste, um zu wissen, welches Buch man als Nächstes lesen sollte. Die Auswahl ist gigantisch, wie soll man sich zurechtfinden?

Im Onlinehandel ist das Problem der Auswahl noch größer, dafür gibt es dort den Vorteil, dass mehr Daten zur Verfügung stehen und man ein automatisches Empfehlungssystem entwickeln kann. Es gibt Kundenstimmen oder Kundenbewertungen und eben „Kunden kauften auch". Auch wenn diese Kaufvorschläge vom Computer berechnet werden, sollen sie suggerieren, dass Kunden, die mir ähnlich sind, diese weiteren Produkte gekauft haben.

Amazon treibt den Einsatz von *Recommender Engines*, so werden die Empfehlungssysteme genannt, auf die Spitze und setzt für jedes Produkt gleich vier davon ein:

- Wird oft zusammen gekauft
- Kunden, die diesen Artikel gekauft haben, kauften auch
- Kunden, die diesen Artikel angesehen haben, haben auch angesehen
- Empfehlungen für Sie

Was ist überhaupt der Grund für den Einsatz von Recommender Engines? Nun, offensichtlich soll das System dafür sorgen, dass mehr gekauft wird. Dabei gibt es aber verschiedene Optimierungsmöglichkeiten für den Händler. Soll auf Umsatzmaximierung optimiert werden, indem Artikel angezeigt werden, für die die Konversionsrate – also der Anteil der Kaufabschlüsse bezogen auf die Anzeigen – möglichst hoch ist? Sind hochpreisige Artikel vielleicht besser, die zwar nicht so oft gekauft werden, aber mehr Umsatz bringen? Oder sollte besser auf Gewinn optimiert, also Produkte mit hohen Margen angezeigt werden?

Eine interessante Überlegung ist, ob auch immer mal etwas Neues oder Unerwartetes angezeigt werden sollte um zu vermeiden, dass immer nur die gleichen Artikel angezeigt werden, es also eine Filterblase geben kann.

Es gibt also viele Punkte, über die sich die Onlinehändler bei dem Einsatz einer Recommender Engine klar werden müssen. Zusätzlich stellen sich Fragen zum UX-Design, also wo und wie die Produktempfehlungen in die Webseite eingebettet werden, um den Nutzen zu maximieren. Das Design von Webseiten wird übrigens meist über sogenannte A/B-Tests optimiert, indem einer Kundengruppe zwei oder mehrere Varianten gezeigt werden und dann analysiert wird, welche Variante bezüglich der zu optimierenden Kennzahlen am besten abgeschnitten hat.

Schauen wir uns aber nun an einem Beispiel an, wie so ein Empfehlungssystem technisch funktioniert. Grundsätzlich kann man zwei Arten von Empfehlungssystemen unterscheiden: inhaltsbasiertes Filtern (engl. *content-based filtering*) oder kollaboratives Filtern (engl. *collaborative filtering*). Im Kontext des Onlineshops werden bei inhaltsbasierten Empfehlungssystemen ähnliche Artikel zu dem gerade aufgerufenen angezeigt, beim kollaborativen Filtern werden Artikel angezeigt, die von Käufern mit ähnlichem Kundenprofil angeschaut oder gekauft wurden.

7.3.1 Inhaltsbasierte Filterung

Produktattribute vergleichen

Wir spielen zwei Varianten durch. Als erstes gehen wir davon aus, dass zu den Artikeln strukturierte Informationen vorliegen, also dass zum Beispiel zu jedem Buch folgende acht Attribute durch den Onlinehändler eingepflegt wurden (Abb. 7.2):

Attribut	Quanten-mechanik Schritt für Schritt 	Ursprung und Entwicklung des Lebens 	Distanz
Artikelkategorie	Sachbuch	Sachbuch	1
Unterkategorie	Physik	Biologie	0
Format	Softcover	Softcover	1
Seitenumfang	251	269	0,72
Sprache	deutsch	deutsch	1
Autor	H. Ochner	J. Sanders	0
Verlag	Springer	Springer	1
Erscheinungsjahr	2020	2020	1
			5,72

Abb. 7.2 Distanz bzw. Ähnlichkeit von Büchern anhand von Attributen

1. Artikelkategorie
2. Unterkategorie
3. Format
4. Seitenumfang
5. Sprache
6. Autor
7. Verlag
8. Erscheinungsjahr

Nun wird eine Art Abstand zwischen zwei Büchern berechnet. Dazu definieren wir für die meisten der acht Attribute, nämlich für alle nominalen, die Distanz als 0, wenn die Ausprägungen identisch sind, und als 1, wenn sie nicht übereinstimmen. Beim Erscheinungsjahr nehmen wir einfach die Differenz der beiden Jahre. Beim Seitenumfang nehmen wir ebenfalls die Differenz, teilen diese aber noch durch 25. Nun gewichten wir auch die anderen berechneten Abstände und addieren dann die Werte auf. Kategorie und Unterkategorie sollten einen sehr großen Einfluss auf die Ähnlichkeit von zwei Büchern haben, während der Seitenumfang oder das Format vermutlich nur eine geringe Rolle spielen. Damit haben wir einen Abstand zwischen zwei Büchern definiert.

Schaut sich nun ein Nutzer im Onlineshop des Händlers ein Buch an, werden ihm in einem Kasten mit der Überschrift „Diese Bücher könnten Sie auch interessieren" die fünf Bücher angezeigt, die den geringsten Abstand bezüglich unserer Metrik haben.

Das Anpassen der Parameter – also die Festlegung, welche Attribute mit welchem Gewicht in die Abstandsberechnung einfließen – ist nicht einfach und erfordert Erfahrung und Ausprobieren. Zudem verschieben sich Gewichte, zum Beispiel ist die Megapixelzahl bei Digitalkameras nicht mehr ein so starkes Verkaufsargument wie vor ein paar Jahren.

Produktbeschreibungen vergleichen

Etwas komplizierter wird es, wenn die Artikelbeschreibung nur als Text vorliegt. Das Prinzip ist allerdings das gleiche: Wir müssen eine Ähnlichkeitsmetrik zwischen zwei Büchern definieren, diesmal aber anhand des Vergleichs von zwei Texten anstatt einer festen Anzahl von Attributen. Dieses Problem, der Vergleich von Texten, gehört zum Gebiet des Natural Language Processing (NLP), also dem maschinellen Verarbeiten natürlicher Sprache. NLP ist an der Schnittstelle zwischen Linguistik, Informatik und Data Science und ein sehr wichtiges Thema, da natürliche Sprache allgegenwärtig ist und in letzter Zeit einige bahnbrechende Fortschritte erzielt wurden.

Eine Technik zum Vergleichen von Texten nennt sich **Bag of Words**. Dazu wird ein Text umgewandelt in eine Liste der vorkommenden Wörter sowie deren Häufigkeit. Das ist ein stark vereinfachendes Modell. Es enthält deutlich weniger Informationen als der ursprüngliche Text, denn Reihenfolge und Satzzeichen werden zum Beispiel verworfen (Abb. 7.3).

Der Satz „Dieses Data-Science-Buch bietet eine gute Einführung in die Thematik" wird umgewandelt in

BoW1 = {„dieses":1, „data":1, „science":1, „buch":1, „bietet":1, „eine":1, „gute":1, „einführung":1, „in":1, „die":1, „thematik":1}

Meist werden die Wörter auf den Wortstamm reduziert. Zudem werden Wörter, die für den Inhalt nicht relevant sind, herausgefiltert. In unserem Beispiel der Ähnlichkeit zweier Texte spielen Artikel (der oder eine) oder Bindewörter (wie also, und) keine Rolle.

BoW1 = {„data":1, „science":1, „buch":1, „biet":1, „gut":1, „einführung":1, „thematik":1}

Die Abstandsmetrik können wir nun definieren als die Anzahl der nicht übereinstimmenden Worte. Da das aber

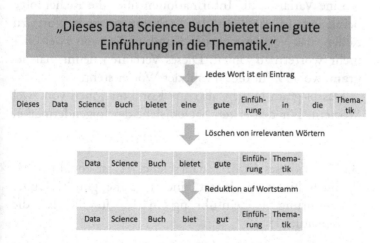

Abb. 7.3 Bag of Words

von der Länge der Texte abhängt, sollten wir noch durch die Gesamtlänge teilen.

Wandeln wir den Satz „Diese Einführung in die Thematik Data Science ist für Einsteiger verständlich geschrieben" ebenfalls in ein Bag of Words um und vergleichen dann:

BoW2 = {„einführung":1, „thematik":1, „data":1, „science":1, „einsteiger":1, „verständlich":1, „schreib":1}

Sechs Wörter kommen nur in einem der beiden Bag of Words vor. Teilen wir das noch durch die Gesamtzahl der Wörter, also 14, erhalten wir 0,43 als Distanz. Das sollte eine hohe Ähnlichkeit repräsentieren, denn die Sätze sind inhaltlich fast identisch.

Richtig gut ist das Verfahren aber nicht, denn man kann leicht einen Satz konstruieren, der eine hohe Ähnlichkeit aufweist, inhaltlich aber wenig mit den vorherigen Sätzen zu tun hat, zum Beispiel: „Dieses Kochbuch bietet eine gute Einführung in die Thematik des Kochens." In der Praxis sind die Texte allerdings auch länger, sodass der Algorithmus besser funktioniert.

Eine Variante, die Informationen über die Reihenfolge beinhaltet, ist, statt nur das Vorkommen eines Worts zu zählen, das Vorkommen der Kombination von zwei oder mehr Wörtern zu zählen. Dieses Verfahren nennt man **n-gram**, wobei *n* für die Anzahl der Wörter steht.

Das bi-gram besteht also aus Kombinationen von zwei Wörtern. Für den ersten Satzen sieht das folgendermaßen aus:

BoW1 = {„dieses data":1, „data science":1, „science buch":1, „buch bietet":1, „bietet eine":1, „eine gute":1, „gute einführung":1, „einführung in":1, „in die":1, „die thematik":1}

7.3.2 Kollaborative Filterung

Bei einer Recommender Engine auf Basis von kollaborativer Filterung geht es darum, dem Nutzer ähnliche Personen zu identifizieren und anhand deren Verhalten Empfehlungen abzugeben. Das Prinzip ist das gleiche wie bei der inhaltsbasierten Recommender Engine. Es muss wieder die Ähnlichkeit bzw. Distanz gemessen werden, diesmal allerdings zwischen Nutzern und nicht zwischen Produkten.

Theoretisch können alle Informationen verwendet werden, die über die Nutzer vorliegen. Am häufigsten wird das Kaufverhalten bzw. das Verweilen auf Produktseiten verwendet. Amazon nennt zwei seiner Empfehlungssysteme „Wird oft zusammen gekauft" und „Kunden, die diesen Artikel angesehen haben, haben auch angesehen". Wenn wir das wörtlich nehmen, dann wird bei der ersten Variante also berechnet, welche anderen Artikel am häufigsten zusammen mit dem aktuellen Artikel im Warenkorb gelandet sind. Die zweite Variante bezieht sich auf das Surfverhalten.

Leider weiß man nicht, ob tatsächlich nur solch ein relativ einfaches System dahintersteckt, oder ob es doch etwas tiefer geht. Die eigentliche Kunst ist nämlich ein möglichst personalisiertes Empfehlungssystem. Dazu benötigt man viele Informationen über die Kunden. Das können demografische Daten wie Alter, Geschlecht oder Wohnort sein, aber besonders wertvoll ist das bisherige Kauf- und Surfverhalten. Welche Artikel wurden bisher gekauft, welche Artikel wurden wie oft angesehen?

Betrachten wir in einem einfachen Beispiel nur die Kaufhistorie (Abb. 7.4). Hat Kunde A die Produkte x und y gekauft, Kunde B die Produkte x, y und z, dann sollte Kunde A auch eine Empfehlung für Produkt z erhalten.

Allgemeiner könnte unsere Ähnlichkeitsmetrik zwischen zwei Kunden definiert werden als der Anteil der verschiede-

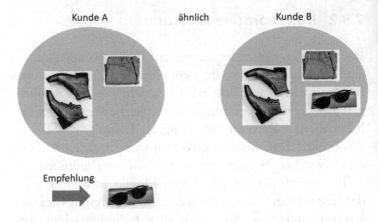

Abb. 7.4 Kollaborative Filterung

nen gekauften Produkte an allen von beiden Kunden gekauften Produkten. Ganz so einfach ist es aber leider nicht.
Diese Metrik müsste noch um eine Mindestanzahl gekauf-
ter Produkte modifiziert werden, da sonst Kunden mit nur
einem gleichen gekauften Produkt als Zwillinge betrachtet
werden, obwohl man fast nichts über die Kunden weiß.

7.4   Face Recognition: Bist Du mein Freund?

Gesichtserkennung war noch vor Kurzem ein exklusives
Feature von Sicherheitssystemen und hält jetzt Einzug in
unseren Alltag. Mittlerweile entsperren wir unseren Computer oder das Smartphone per Gesichtserkennung und die
sozialen Medien bieten das automatische Markieren von
Freunden auf den hochgeladenen Fotos an. Man kann sich
eine Open-Source-Gesichtserkennung herunterladen, welche auf vielen Computern läuft, auch auf dem kleinen,
günstigen Bastelcomputer Raspberry Pi [5]. Das Einbinden

in eigene Programme ist problemlos, sofern man ein bisschen programmieren kann.

Die Ursprünge der Gesichtserkennung gehen auf Woody Bledsoe, Helen Chan Wolf und Charles Bisson zurück, die in den 1960er-Jahren ein erstes System entwickelten. Händisch wurden spezielle Punkte eines Gesichts markiert, z. B. Mundwinkel oder Augenmitte. Daraus konnten die charakteristischen Entfernungen zwischen diesen Punkten berechnet werden, wobei Rotation und Neigung des Fotos herausgerechnet wurden. Nun wurden diese Entfernungen mit einer Datenbank von Gesichtern bzw. deren charakteristischen Entfernungen verglichen und das ähnlichste Gesicht ausgewählt.

Heutzutage funktionieren einige Systeme immer noch ähnlich, d. h., Distanzen zwischen charakteristischen Punkten werden berechnet und mit gespeicherten Distanzen verglichen. Dabei werden die Punkte allerdings automatisch identifiziert.

Eine neuere Technologie, die noch präzisere Ergebnisse verspricht, verwendet statt zweidimensionalen Bildern das 3D-Modell eines Gesichts. Der Vorteil ist, dass das Bild nun nicht mehr bezüglich Rotation, Neigung und Winkel korrigiert werden muss, sondern der erfasste Gesichtsteil mit dem entsprechenden Abschnitt des 3D-Modells verglichen werden kann.

Um ein 3D-Modell zu erhalten, projiziert beispielsweise Apples Face ID 30.000 Infrarot-Punkte auf das Gesicht und nimmt diese mit einer Infrarot-Kamera auf. (Infrarot-Projektion deshalb, damit man diese nicht wahrnimmt.) Die Aufnahme per Infrarot hat den Vorteil, unabhängig von dem Umgebungslicht zu sein, d. h. es funktioniert auch im Dunkeln. Allerdings benötigt man dafür ein spezielles System, welches gut zum Entsperren des Smartphones oder Computers geeignet ist, aber nicht, um Personen auf Bildern zu erkennen [6].

Facebooks DeepFace ist ein Paradebeispiel für ein System, das erkennt, ob auf zwei Bildern dasselbe Gesicht abgebildet ist. Es wurde im Jahr 2015 außerhalb der EU eingeführt. DeepFace soll diese Aufgabe mit einer Genauigkeit von 97,35 % auf einem Standard-Gesichtsdatensatz erfüllen (Labeled Faces in the Wild [7]). Menschen sind bei unbekannten Gesichtern mit 97,53 % nur marginal besser. DeepFace korrigiert zuerst, wie wir das schon kennen, bezüglich Rotation, Neigung und Winkel. Anschließend wird ein neuronales Netz mit den korrigierten Bildern gefüttert. Wir wissen, dass neuronale Netze einen sehr großen Trainingsdatensatz benötigen. Hier liegt der Vorteil von Facebook, denn Daten hat es genug. Der Trainingsdatensatz enthielt 4 Millionen Bilder von 4000 Personen.

Neben den überzeugenden Ergebnissen ist spannend, dass hier zwei Techniken kombiniert werden: zum einen die speziell auf Gesichter abgestimmte 3D-Korrektur der Perspektive, zum anderen ein relatives gewöhnliches tiefes neuronales Netz [8].

7.5   Routenplanung: Von A nach B

Täglich werden Tausende Tonnen Waren bewegt. Ohne ausgeklügelte Logistik ist unser Alltag kaum vorstellbar, auch wenn wir selbst davon gar nicht so viel mitbekommen außer den Lieferwagen, die die Straßen verstopfen. Nicht nur Kunden des Onlinehandels wollen ihre Pakete schnell nach Hause geliefert bekommen, auch Supermärkte müssen häufig mit frischer Ware versorgt werden. Hinzu kommen Fabriken, die immer flexibler produzieren und kurzfristig verschiedenen Vorprodukte und Rohstoffe benötigen.

Das sogenannte **Traveling-Salesman-Problem** (TSP) beschreibt ein Optimierungsproblem, bei dem mehrere

Städte auf der kürzest möglichen Route besucht werden sollen (Abb. 7.5). Bedingung ist, dass dabei jede Stadt nur einmal besucht wird und man am Ende wieder zum Ausgangspunkt gelangt. Solch ein Optimierungsproblem ist sehr rechenaufwendig, denn die Anzahl der Möglichkeiten, n Punkte nacheinander zu besuchen, beträgt $(n-1)!$. Das Ausrufezeichen bedeutet Fakultät, d. h., es werden alle natürlichen Zahlen von 1 bis $n-1$ miteinander multipliziert. Die Fakultät-Funktion wächst sehr schnell: $2! = 1 \cdot 2 = 2$, $3! = 1 \cdot 2 \cdot 3 = 6$, $10! = 1 \cdot 2 \cdot 3 \cdot 4 \cdot 5 \cdot 6 \cdot 7 \cdot 8 \cdot 9 \cdot 10 = 3628.800$.

Tatsächlich ist das Traveling-Salesman-Problem in der Informatik sehr bekannt, denn es ist eines der NP-äquivalenten Probleme. In der Komplexitätstheorie ist eine große Frage (und sogar eines der Millenium-Probleme), ob die beiden Komplexitätsklassen P und NP identisch sind. Dabei gehört ein Problem zur Klasse P, wenn es in polynomialer Zeit gelöst werden kann, also die Rechenzeit ein Polynom der Problemgröße ist. Beim Traveling-Salesman-Problem wäre die Problemgröße die Anzahl Städte. Ein Problem gehört hingegen zur Klasse NP, wenn man in polynomialer Zeit überprüfen kann, ob eine Lösung korrekt ist. NP-äquivalent bedeutet nun, dass man jedes andere Problem aus NP in dieses überführen kann, und das in po-

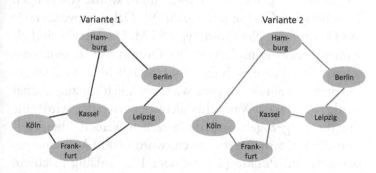

Abb. 7.5 Das Traveling-Salesman-Problem

lynomialer Zeit. Könnte man also zeigen, dass das Traveling-Salesman-Problem in P liegt, dann wäre die Gleichheit der beiden Klassen P und NP gezeigt.

Aber nicht nur mathematisch ist das Traveling-Salesman-Problem interessant. In der Praxis kommen noch weitere Elemente dazu, die das Problem verkomplizieren. So gibt es in der Realität Zeitfenster, in denen eine Lieferung gemacht werden muss. Zudem ist Fahrdauer abhängig von der Verkehrssituation und damit von der Uhrzeit und dem Wochentag.

Was hat das aber nun mit Data Science zu tun? Nun, es liegen eine Menge Daten vor. Angefangen bei den historischen Daten, also den durchgeführten Routen, über Echtzeitverkehrsmessung und Fahrzeitprognosen bis zur Wettervorhersage. Anstatt an einer theoretischen Lösung zu verzweifeln oder eine Lösung für eine ganz spezielle Situation zu finden, könnte ein Machine-Learning-Algorithmus eingesetzt werden, der mit jeder durchgeführten Route dazulernt.

Wir können kein überwachtes Lernen benutzen, denn es gibt keinen Datensatz mit den Ergebnissen. Die optimale Route muss erst gefunden werden. Man kann aber eine Lösung mittels einer Verlustfunktion bewerten, zum Beispiel als Dauer oder Länge der Route. Dann wird bestärkendes Lernen verwendet, um die Verlustfunktion möglichst klein zu machen (Abschn. 3.4). Dieser Ansatz wurde von einigen Forschern bei Google untersucht [9]. Dabei verwenden sie zwei neuronales Netz vom Typ LSTM. Die Details sind allerdings etwas kompliziert. Der Output soll so sein, dass kurzen Strecken eine hohe Wahrscheinlichkeit und längeren Strecken eine niedrigere Wahrscheinlichkeit zugeordnet wird. Aus dieser Wahrscheinlichkeitsverteilung wird eine Stichprobe gezogen und die Strecken werden überprüft. Um die Performance zu testen, wurde 1000 Mal eine gewisse Anzahl Punkte (20, 50 oder 100) zufällig in einem

Quadrat platziert und dann versucht, die kürzeste Strecke zu finden, die alle Punkte einmal besucht. Dabei konnte der Algorithmus bessere Ergebnisse erzielen (also kürzere Strecken finden) als State-of-the-Art-Heuristiken.

Anheuser-Busch, eine große Brauerei in den USA, hat eine Machine-Learning-Plattform von Wise Systems im Einsatz, die Verkehrsinformationen und Wettervorhersage, aber auch die Erfahrung der Fahrer in die Optimierung der Routen einbezieht. Damit konnten Spritkosten um 6 % und vor allem Verspätungen um 80 % reduziert werden. Leider wurde nicht veröffentlicht, wie der Algorithmus genau funktioniert [10].

7.6   Disposition: Wie viel soll ich bestellen?

Eine gute Disposition von Waren, also wie viele Exemplare von einem Artikel bestellt werden, ist für viele Unternehmen essenziell. In Branchen wie der Autoindustrie lässt sich das gut vorhersagen, denn für ein Auto gibt es einen Bauplan, der zum Beispiel sagt, wie viele Schrauben benötigt werden. Kompliziert werden Vorhersagen, wenn der Mensch ins Spiel kommt. Denn der Autobauer muss vorhersagen, welches Auto wie oft gekauft wird. Noch schwieriger ist es im Handel. Auch der Supermarktleiter muss vorhersagen, wie viele Kisten Pilze verkauft werden. Falls er zu wenig aus dem Zentrallager bestellt, entgeht ihm Umsatz und Kunden sind unzufrieden. Bestellt er zu viel, verdirbt die Ware und er muss sie entsorgen. In der Modebranche werden die Produkte in gewisser Stückzahl meist in Fernost bestellt, der Modeshop muss schätzen, welches T-Shirt sich wie oft verkauft. Nach der Saison kann er nicht mehr den vollen Preis verlangen oder bleibt sogar auf den Teilen sitzen.

In Kap. 3 haben wir mit der Eis-Abverkaufsprognose schon ein einfaches Prognosesystem kennengelernt. Jetzt versetzen wir uns in die Lage einer Supermarktleitung und schauen uns zwei Lebensmittelartikel an, einen saisonalen und einen nichtsaisonalen. Wir wollen die Abverkaufsmenge prognostizieren, damit wir die richtige Menge bestellen können.

7.6.1 Nichtsaisonale Produkte

Die Nudeln haben einen relativ stabilen Verlauf, im Diagramm sieht man allerdings gewisse Schwankungen (Abb. 7.6). Analysiert man, woher diese kommen, dann liegt das vor allem an den Feiertagen, die Kundenfrequenz und Warenkorbgröße beeinflussen. Ohne diese saisonalen Verschiebungen könnten wir einen Durchschnitt der letzten Wochen verwenden. Das ist bei Zeitreihen ein typisches Verfahren und nennt sich **gleitender Durchschnitt**. Dabei gibt es einige Varianten. Die bekanntesten sind der einfache gleitende Durchschnitt (*simple moving average*, SMA), der

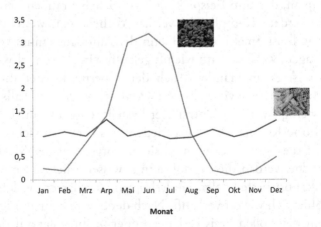

Abb. 7.6 Abverkäufe zweier Produkte (Nudeln, Erdbeeren)

SMA mit Gewichtung und der exponentiell gleitende Durchschnitt (*exponential moving average*, EMA). Der SMA berechnet den Mittelwert der letzten n Zeitpunkte und der EMA kombiniert den zum letzten Zeitpunkt berechneten EMA mit dem aktuellen Wert. Auf den EMA gehen wir in Abschn. 7.9 noch ein.

$$\text{SMA}_n(t) = \frac{1}{n}\big(x(t-n+1) + \ldots + x(t)\big)$$

Der gleitende Durchschnitt glättet den Verlauf und mindert die Ausschläge. Dadurch lassen sich Trends leichter beobachten. Je größer wir n wählen, desto glatter wird der SMA (Abb. 7.7). Dadurch reagieren die gleitenden Durchschnitte aber auch langsamer auf Veränderungen.

Problematisch sind die Wochen mit Feiertagen. Nehmen wir an, wir haben eine Zuordnung zu einer vergleichbaren Woche aus dem Vorjahr. Im Prinzip genügt eine Tabelle,

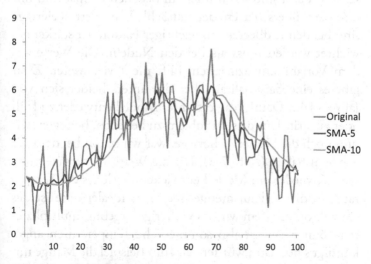

Abb. 7.7 Glättung durch SMA

die zum Beispiel der Osterwoche die Osterwoche des Vorjahres zuordnet. Dann können wir diese Informationen nutzen und die Verkäufe des Vorjahres in unsere Prognose einbeziehen.

$$\text{SMA}_{n,VJ}(t) = \alpha * \text{SMA}_n(t) + (1 - \alpha) * \text{SMA}_n(t_{VJ})$$

Damit können wir ziemlich gut vorhersagen, wie viele Packungen Nudeln in einer Woche verkauft werden. In der Realität sollten alle lang haltbaren Produkte sowieso kein Problem darstellen, da sich der Supermarkt immer einen Vorrat anlegen kann. Interessanterweise gibt es aber auch hier manchmal leere Regale.

7.6.2 Saisonale Produkte

Schwieriger wird die Vorhersage bei saisonalen Produkten wie Erdbeeren. Benutzen wir hier den gleitenden Durchschnitt, dann sind wir immer ein bisschen zu spät und unter- bzw. überschätzen den tatsächlichen Wert. Feiertage sind bei den Erdbeeren ein wichtiger Faktor, der stärker gewichtet werden muss als bei den Nudeln. Die Werte aus dem Vorjahr hinzuzuziehen, hilft nicht viel weiter. Zwar gibt es eine Saisonalität, aber die unterscheidet sich von Jahr zu Jahr. Damit reagiert unser Modell entweder zu früh oder zu spät. Um dieses Problem zu beheben, benutzen wir nun noch die Wettervorhersage, was wir schon bei dem Eis gemacht haben (Abb. 7.8). Für die Wettervorhersage müssen wir wieder ein Modell entwickeln, welches die Temperatur in die Verkaufsmenge übersetzt. Idealerweise ist das ein Faktor, mit dem wir das vorherige Ergebnis multiplizieren können. Wenn also sommerliche Temperaturen angekündigt sind, dann würden wir zum Beispiel die Menge mit 1,5 multiplizieren, also eine 50 % höhere Menge annehmen.

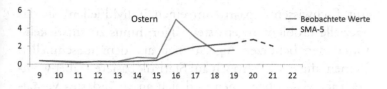

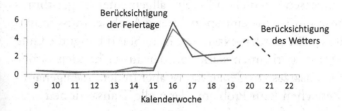

Abb. 7.8 Prognose für den Verkauf von Erdbeeren mit SMA sowie Berücksichtigung von Saisonalität und Wetter

7.7 Fraud Detection: Den Betrügern auf der Spur

Betrug ist vermutlich so alt wie die Menschheit selbst. Heutzutage ist es ein Milliarden-Business. In einer Umfrage von PWC von 2020 gab ungefähr die Hälfte der befragten Unternehmen an, dass sie schon einmal Betrug in irgendeiner Form erfahren hatten [11].

Eine manuelle Überprüfung ist in vielen Bereichen zu aufwendig, zum Beispiel bei den Millionen Transaktionen, die Kreditkartenunternehmen täglich durchführen. Automatisierte Betrugserkennung (engl. *fraud detection*) gibt es schon eine Weile und wurde zuerst von Banken, Versicherungen und der Telekommunikationsindustrie eingesetzt. Mittlerweile ist es aber auch eine wichtige Technologie für den E-Commerce-Bereich, wenn Ware bestellt, aber nicht bezahlt wird.

Grundsätzlich gibt es zwei Möglichkeiten, Fraud Detection anzugehen. Entweder werden statistische Methoden mit Fachwissen gepaart, um einen individuellen, an das spezielle Problem angepassten Algorithmus zu entwickeln. Oder man benutzen Algorithmen aus dem maschinellen Lernen, die natürlich auch auf Statistik basieren, aber weniger Fachwissen benötigen und sich an verändertes Verhalten anpassen können. Ob ein allgemeiner Algorithmus genauso gut ist wie eine spezialisierte Analyse, muss individuell geprüft werden. Nach heutigem Stand hängt die Güte von ML-Algorithmen stark von der ausreichenden Größe des Datensatzes ab. Genau das ist aber in den oben genannten Bereichen kein Problem, denn alle Transaktionen werden digital erfasst.

Bei überwachten Algorithmen benötigen wir einen gelabelten Datensatz, d. h. einen Datensatz von Transaktionen mit der Information, ob diese betrügerisch waren oder nicht. Solche Datensätze wurden zum Beispiel auf der Plattform Kaggle veröffentlicht, um daran üben zu können [12]. ODDS ist eine Seite mit verschiedensten Ausreißer-Datensätzen [13].

Wir wollen uns hier aber einen nicht überwachten Algorithmus ansehen. Der Vorteil ist, dass diese Klasse von Algorithmen zwar auch einen Trainingsdatensatz braucht, dieser aber keine Labels benötigt. Wir können also einfach einen Auszug der stattgefundenen Transaktionen benutzen. Um die Güte realistisch zu prüfen, benötigt dann aber doch jeder Algorithmus, also ein nicht überwachter, einen gelabelten Datensatz. Dieser Testdatensatz kann allerdings viel kleiner sein als der Trainingsdatensatz.

Was kennzeichnet einen Betrug? Idealerweise weicht eine solche Transaktion von den normalen Transaktionen ab, zum Beispiel in der Höhe des Betrags. Es geht also darum, Anomalien bzw. Ausreißer zu entdecken. Im Englischen heißt das *anomaly detection*.

Nehmen wir an, wir haben 1000 Transaktionen, die Kaufbeträge in einem Onlineshop entsprechen. Eine visuelle Hilfe, um Ausreißer zu erkennen, ist der sogenannte Boxplot. Um diesen zu verstehen, benötigen wir einige statistische Begriffe:

Der **Median** ist der Wert einer Stichprobe, bei dem die Hälfte der Werte kleiner und die andere Hälfte größer ist. Der Median ist gleichzeitig das **50 %-Quantil**, da eben 50 % der Werte kleiner sind. Genauso gibt es das 25 %-Quantil, bei dem 25 % der Werte kleiner sind und 75 % größer. Und so gibt es auch Quantile für jede andere Zahl zwischen 0 und 100. Man nennt das 25 %-Quantil auch das erste Quartil und das 75 %-Quantil das dritte Quartil.

Ein Boxplot ist nun so aufgebaut, dass eine Box zwischen dem 1. und dem 3. Quartil mit einem dicken Strich für den Median gezeichnet wird (Abb. 7.9). An die Box werden noch Antennen angebracht, welche Whisker heißen. Diese haben üblicherweise die 1,5-fache Länge der Box, welche als Interquartilsabstand (Abstand zwischen erstem und drit-

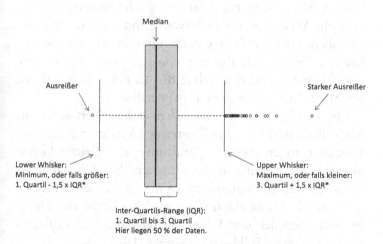

Abb. 7.9 Verteilung, Boxplot

ten Quartil) bezeichnet wird. Genauer gesagt gehen sie bis zu dem Datenpunkt, der noch im Interquartilsabstand liegt. Liegt ein Wert außerhalb der Antennen, dann gilt er als Ausreißer und wird als separater Punkt dargestellt. Häufig gelten erst die Werte außerhalb des 3-Fachen des Interquartilsabstands als starke Ausreißer, während die Werte zwischen dem 1,5- und dem 3-fachen Interquartilsabstand als milde Ausreißer bezeichnet werden.

In unserem Beispiel gibt es einen milden Ausreißer nach unten, einige milde Ausreißer nach oben und nur einen starken Ausreißer. Wie viele Ausreißer es gibt, hängt von der zugrunde liegenden Verteilung ab. Hat man zum Beispiel eine Normalverteilung mit Mittelwert 100 und Standardabweichung 20 vorliegen, dann kann man berechnen, dass die Wahrscheinlichkeit, einen starken Ausreißer zu ziehen, ca. 0,00024 % beträgt.

In der Praxis genügt das allerdings noch nicht, denn im Prinzip haben wir nur die Transaktionen mit ungewöhnlich hohem bzw. niedrigem Kaufbetrag identifiziert. Das ist zwar ein Anfang, aber üblicherweise sind mehr Informationen als nur der Kaufbetrag vorhanden, die genutzt werden können. Wir wollen also weg von einer univariaten (eine Variable betreffenden) Analyse hin zu einer multivariaten (mehrere Variablen betreffenden) Analyse.

Ein häufig eingesetztes unüberwachtes Verfahren zur Klassifikation ist k-Means-Clustering (Abschn. 3.3.1). Zwei Voraussetzungen dieses Algorithmus sind gleiche Größe und gleiche Streuung in den Clustern. Bei Anomalien ist allerdings die erste Voraussetzung nie erfüllt, denn Anomalien sind die Ausnahme und treten daher selten auf. Daher ist zum Beispiel der **Local-outlier-Faktor**-Algorithmus (LOF) in diesem Fall besser geeignet [14].

Die Idee hinter LOF ist, die Entfernung eines Datenpunkts vom nächstgelegenen Cluster zu bestimmen. Liegt er deutlich weiter weg als die durchschnittliche Entfernung der Punkte innerhalb des Clusters, dann ist er sehr wahrscheinlich ein Ausreißer (Abb. 7.10).

Die Berechnung ist nicht schwierig, erfordert aber ein paar Schritte. Die k-Distanz eines Punkts ist die Distanz zum k-nächsten Nachbarn. Für $k = 3$ wäre das also die Distanz zu dem Punkt, der am drittnächsten liegt. Die Erreichbarkeitsdistanz (*reachable distance*) zwischen zwei Punkten A und B ist definiert als das Maximum zwischen der Distanz von A und B sowie der k-Distanz von B. Nun können wir die lokal erreichbare Distanz (*local reachable distance*, lrd) berechnen. Diese gibt im Prinzip an, wie weit ein Punkt von seinen Nachbarn entfernt ist. Dazu bilden wir für einen Punkt den Mittelwert der erreichbaren Distanzen zu seinen k Nachbarn und bilden dann den Kehrwert davon. Je weiter ein Punkt vom nächsten Cluster weg liegt, desto kleiner ist die lokal erreichbare Distanz.

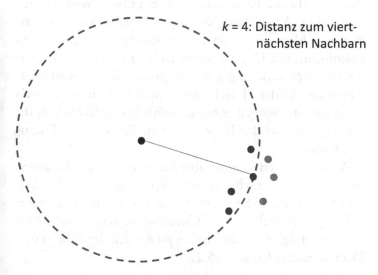

$k = 4$: Distanz zum viertnächsten Nachbarn

Abb. 7.10 Local-outlier-Faktor: k-Distanz

Und schließlich bilden wir für einen Punkt die Zielgröße LOF, welche das Verhältnis zwischen der mittleren lrd der Nachbarn und der lrd des Punkts ist. Ist der LOF eines Punkts deutlich größer als 1, dann liegt der Punkt weit weg von einem dichteren Cluster und ist demnach ein Ausreißer.

$$\text{reach-dist}_k(A, B) = \max\big(k\text{-dist}(B), \text{dist}(A, B)\big)$$

$$\text{lrd}_k(A) = 1\big/ \text{reach-dist}_k(A, B_1) + \ldots + \text{reach-dist}_k(A, B_k)$$

$$\text{LOF}_k(A) = \frac{\text{lrd}_k(B_1) + \ldots + \text{lrd}_k(B_k)}{\text{lrd}_k(A)}$$

Anomaly Detection ist nicht nur in den genannten Branchen ein Thema. Es ist schließlich fast überall wertvoll, automatisiert Abweichungen von der Norm erkennen zu können. Man denke an Überwachung von sportlichen Leistungen, um Dopingsünder zu überführen. Ein bedeutender Bereich, der sogar immer größer wird, ist Ausreißererkennung in der IT-Sicherheit. Auch dort gibt es Abweichungen vom Normalzustand, wenn z. B. ein Hacker-Angriff durchgeführt wird oder wenn es zu Performance-Einbußen kommt.

Ausreißererkennung ist aber nicht nur in verschiedenen Branchen von unschätzbarem Wert. Ganz grundsätzlich sind viele statistische Algorithmen wie lineare Regression anfällig für Ausreißer. Data Cleaning, wozu eben auch Ausreißerbereinigung gehört, ist ein großer Teil der Arbeit eines Data Scientists (Abschn. 5.2).

7.8   Disaster Risk: Naturkatastrophen vorhersagen

Können aus Daten, die bei vorherigen Naturkatastrophen gesammelt wurden, Vorhersagen über zukünftige Katastrophen gemacht und so die Menschen rechtzeitig gewarnt werden? Insbesondere die Erdbebenvorhersage als Teilgebiet der Seismologie ist ein aktives Forschungsfeld, welches allerdings schon viele Rückschläge hinnehmen musste und wo auch einige Pseudowissenschaft betrieben wird. Es wurde tatsächlich bisher noch kein einziges größeres Erdbeben korrekt vorhergesagt. Man versucht allerdings, die Wahrscheinlichkeit zu berechnen dafür, dass ein Erdbeben in einem gewissen Gebiet in einem Zeitraum (in Jahren) auftritt.

Vorzeichen wie eine Reihe von kleineren Erdbeben oder ein ungewöhnliches Verhalten von Tieren scheinen sich nicht für eine Vorhersage zu eignen. Solche Ereignisse treten häufig auf, auch ohne dass ein Erdbeben folgt [15].

7.8.1   Was ist ein gutes Vorhersagesystem?

Wie kann denn festgestellt werden, ob ein Vorhersagesystem „funktioniert"? Dazu muss es besser sein als Raten. Schauen wir uns das an einem einfachen Beispiel an. Ich sage voraus, dass die Münze auf Kopf landet. Dann habe ich eine 50:50-Chance, dass meine Vorhersage richtig ist. Es ist aber keine sinnvolle Vorhersage, denn ist die Wahrscheinlichkeit ebenfalls 50 %, dass diese Vorhersage richtig ist. Um meine Vorhersagefähigkeiten zu beweisen, bräuchte ich also ein System, welches besser Ergebnisse als 50 % Wahrscheinlichkeit liefert.

Schauen wir uns noch ein Beispiel an, bei dem die Eintrittswahrscheinlichkeit nicht genau 50 % ist wie beim

Münzwurf, sondern geringer. Wir sind im Casino am Roulettetisch. Es gibt 37 Fächer, in denen die Kugel landen kann: die Zahlen 1 bis 36 und die Null. Die Wahrscheinlichkeit, dass die Null fällt, ist also 1/37 oder ca. 2,7 %. Meine Vorhersage für den nächsten Wurf ist, dass keine Null fällt. Ich habe ziemlich gute Chancen, dass das so eintritt, denn die Wahrscheinlichkeit ist mit 97,3 % hoch. Ein Vorhersagesystem, welches zufällig eine der 37 Zahlen auswählt, hätte die gleiche Vorhersagekraft. Es ist also nichts gewonnen. Das ist ja auch klar, denn ich nutze keinerlei weitere Informationen.

Die beiden Beispiele waren mathematisch perfekte Modelle, d. h., wir konnten die Eintrittswahrscheinlichkeiten genau berechnen. In der Realität sind diese Wahrscheinlichkeiten aber nicht bekannt. Sie müssen also abgeschätzt werden. Und wie prüft man, ob ein Vorhersagesystem besser ist als der Zufall?

Betrachten wir das Testen des Vorhersagemodells. Die Idee dahinter ist Wiederholung. Mit jeder richtigen Vorhersage steigt das Vertrauen in das Vorhersagesystem, mit jeder falschen Vorhersage schwächt sich das Vertrauen ab. Dieses Vertrauen wird mathematisch als Wahrscheinlichkeit modelliert.

Nehmen wir wieder den Münzwurf. Ich sage immer Kopf voraus. Der erste Wurf ist tatsächlich Kopf. Damit stimmt meine Vorhersage bisher zu 100 %. Das ist ja deutlich besser als die 50 %-Chance, die man mit einer Zufallsvorhersage bekommt. Der Haken ist natürlich, dass ein Wurf viel zu wenig ist, um das wirklich zu beurteilen. Also benötigen wir mehrere Wiederholungen. Wir werfen fünfmal mit dem Ergebnis K, K, W, K, W. Bei diesem Ergebnis lagen wir also dreimal richtig und zweimal falsch. Das ergibt eine korrekte Vorhersagequote von 3/5 = 0,6 = 60 %. Auch das scheint besser zu sein als die zufällige Vorhersage.

Ist es aber nicht, denn fünf Wiederholungen reichen noch nicht aus. Werfen wir nun 100-mal die Münze, landet sie vielleicht 55-mal auf Kopf und 45-mal auf Zahl. Dann läge meine Vorhersage also in 55 % der Fälle richtig.

Es sieht so aus, als würden wir uns den 50 % annähern, je mehr Wiederholungen wir machten. So ist es auch, aber der Statistiker möchte das berechnen, anstatt sein Leben lang Münzen zu werfen. Es geht also darum zu zeigen, ob die Abweichung von 55 % gegenüber 50 % bei 100 Wiederholungen statistisch signifikant ist.

7.8.2 Langsame Erdbeben sind besser

Aus menschlicher Sicht eine Erleichterung, aus der Perspektive von Machine Learning problematisch ist die Seltenheit von größeren Erdbeben. Wir wissen, dass die meisten ML-Algorithmen einen großen Datensatz benötigen, um überzeugende Vorhersagen machen zu können.

Eine interessante Idee stammt von der Forschergruppe um dem Geophysiker Paul Johnson [16]. Diese untersucht *slow slips*. Das sind Erdbeben, die so langsam stattfinden, dass es der Mensch nicht mitbekommt. Solch ein Beben kann sich über einen Monat strecken, und die gesamte freigesetzte Energie ist vergleichbar mit starken Erdbeben. Um einen guten Trainingsdatensatz zu erhalten, simulierte Johnson diese slow slips im Labor, indem er Materialblöcke aneinander verschob. Diese klebten für Sekunden aneinander, bis sich plötzlich die Spannung entlud.

Die zugehörigen Tonaufnahmen wurden in Schnipsel zerteilt und mit einem speziellen Algorithmus (*gradient boosting decision tree*) darauf trainiert, den Zeitpunkt zu erkennen, bei denen sich die Spannung in Kürze entlädt. Der Algorithmus erzeugt wie der Random-Forest-Algorithmus (Kap. 3) einen Wald von Entscheidungsbäumen und entscheidet dann anhand einer Mehrheitswahl. Random Forest benutzt dabei vollständige Bäume, die zum Overfitting neigen. Gradient Boosting hingegen verwendet nur sehr kleine Bäume, also schwache Lerner. Die Qualität kommt durch die Verwendung vieler solcher Bäume.

Nach den erfolgreichen Laborversuchen galt es, den Algorithmus in der Realität zu testen. Der Vorteil von slow slips ist, dass diese häufiger vorkommen als schnelle Erdbeben und dementsprechend die Datenlage besser ist. Mit den Daten von 2007 bis 2013 als Trainingsgrundlage konnten die Forscher immerhin vier von fünf slow slips in der Zeit zwischen 2013 bis 2018 jeweils ein paar Tage vorher vorhersagen [17]. Das ist eine bahnbrechende Leistung, galten doch Erdbeben bei vielen Wissenschaftlern als nicht vorhersagbar. Auf der anderen Seite ist der Testdatensatz mit 5 Erdbeben eigentlich viel zu klein für eine valide Aussage.

Natürlich ist man weiterhin eher an der Vorhersage der schnellen, gefährlicheren Erdbeben interessiert. Davon gibt es aber einfach zu wenige, um ein ML-Algorithmus zu trainieren. Die Hoffnung ist nun, dass mit dem Slow-slip-Modell und einer ähnlichen Zerstückelung der Tonaufnahme bei kleineren Beben, von denen es genug gibt, das Modell für die großen Beben trainiert werden kann. Allerdings wird davon ausgegangen, dass bei den Beben immer auch eine große Zufallskomponente dabei ist, die bestimmt, wann genau es zu einer Spannungsentladung kommt.

7.9 Börsenhandel: Ein Milliardengeschäft

Finanzmärkte haben schon seit ihrer Entstehung Menschen in kürzester Zeit sehr reich gemacht – oder ruiniert. Das hat sich bis zur heutigen Zeit nicht geändert. Allerdings hat sich der Börsenhandel massiv gewandelt. Gab es früher Parketthandel, bei dem Börsenmakler und -händler sich ihre Gebote zuriefen oder sich durch Gesten verständigten, so dominieren schon eine ganze Weile Computerbörsen. Das erste deutsche vollständig elektronische Handelssystem, die Deutsche Terminbörse, wurde 1990 eröffnet. Xetra, die größte deutsche Computerbörse, gibt es seit 1997.

Mittlerweile werden beim Hochgeschwindigkeitshandel Wertpapiere im Mikrosekundenbereich hin- und hergeschoben. Große Akteure mieten sich für viel Geld Serverräume, die geografisch möglichst nahe an den Börsen stehen, um minimale Zeitvorteile zu erlangen.

Wunschvorstellung von vielen ist natürlich, dass sie nur einmal den richtigen Algorithmus programmieren müssen und dieser dann für sie an der Börse viel Geld verdient. Automatisierten Handel, auch unter dem Namen algorithmischer Handel bekannt, ist tatsächlich weit verbreitet. Nur damit reich zu werden ist es so eine Sache.

Grundsätzlich ist der Börsenhandel ein gutes Umfeld für Data Science und Machine-Learning-Algorithmen. Denn es gibt jede Menge Daten. Da ist zum einen die historische Entwicklung der Kurse, welche schon seit vielen Jahren vollständig aufgezeichnet wird. Es gibt aber auch Geschäftsberichte mit wirtschaftlichen Kennzahlen, die ausgewertet werden wollen. Zusätzlich gibt es noch News-Feeds (Börsennachrichten, Weltpolitik), Veröffentlichung von Arbeitsmarktdaten und Twitter-Feeds.

Anhand der Quellen unterteilte man bisher die Analyse in Fundamentalanalyse, welche sich vor allem mit Wirtschaftskennzahlen auseinandersetzt, und technische Analyse, welche sich mit dem bisherigen Kursverlauf beschäftigt. Diese beiden Formen gibt es schon länger, auch wenn durch mehr Rechenleistung umfangreichere Analysen durchgeführt werden können.

Bevor man eine Trading-Strategie mit echtem Geld umsetzt, möchte man natürlich wissen, ob diese erfolgreich sein wird. In die Zukunft kann keiner blicken, daher schaut man sich die Vergangenheit an. Man prüft, wie sich die Strategie in der bisherigen Kursentwicklung geschlagen hätte. Nachdem man die Strategie in ein System einprogrammiert hat, simuliert man im Schnelldurchgang die Handelsentscheidungen des Systems. Danach schaut man sich verschiedene Kennzahlen wie Gewinn, Anzahl der Trades usw. an. Diese Simulation nennt sich **Backtesting**. Man kann das System optimieren, indem man verschiedene Parameterkombinationen durchspielt und im Anschluss die Kombination mit den besten Ergebnissen auswählt.

Besonders spannend aus der Sicht von Data Science ist es, Machine-Learning-Algorithmen zu verwenden, um einem Computer das automatisierte Handeln beizubringen.

Wir wollen uns zuerst ansehen, wie ein Handelsalgorithmus anhand der technischen Analyse – also mittels Analyse des Chartverlaufs – funktionieren könnte. Im Anschluss geht es um die Analyse von Twitter-Nachrichten, um die Stimmung einzufangen und daraus gegebenenfalls ein Kauf- oder Verkaufssignal abzuleiten.

7.9.1 Technische Analyse: In der Vergangenheit liegt die Zukunft

Wir wollen den Versuch wagen, einen Aktienkurs anhand der bisherigen Kursbewegungen vorherzusagen. Im Prinzip handelt es sich um eine Zeitreihenanalyse ganz ähnlich zur Dispositionsproblematik (siehe Abschn. 7.6). Allerdings müssen wir hier nicht den genauen Kurs vorhersagen, die Richtung – steigend oder fallend – würde genügen.

Dennoch benutzen wir den gleichen Indikator, nämlich den gleitenden Durchschnitt, hier in der Variante **expo-**

nential moving average (EMA). Der EMA hat einen Parameter, den Glättungsfaktor α, der zwischen 0 und 1 liegt. Der Wert einer Zeitreise y_t zum Zeitpunkt t wird mit dem Glättungsfaktor multipliziert, dazu kommt noch der EMA des letzten Zeitpunkts.

$$EMA_t = \alpha * y_t + (1-\alpha) * EMA_{t-1}$$

Je nach Wahl des Glättungsfaktors wird entweder der aktuellere Werte oder die Vergangenheit stärker berücksichtigt: Je höher α ist, desto weniger wird geglättet und der EMA reagiert schneller auf Änderungen (Abb. 7.11). Die Beobachtung, dass ein höherer Glättungsfaktor für eine schnelle Reaktion auf Veränderungen sorgt und ein niedriger Glättungsfaktor für eine langsame Reaktion, gibt die Idee für den Vergleich von zwei EMAs mit unterschiedlichen Glättungsfaktoren. Der MACD (die Abkürzung

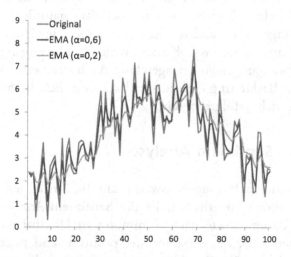

Abb. 7.11 EMA mit verschiedenen Glättungsfaktoren

steht für **moving average convergence/divergence**) ist die Differenz von einem schnellen und einem langsamen EMA.

$$MACD_t = EMA_t^{fast} - EMA_t^{slow}$$

Ist der MACD positiv, dann gibt es einen Aufwärtstrend. Entsprechend fällt der Kurs tendenziell, wenn der MACD negativ ist. Als Kaufsignal gilt der Zeitpunkt, an dem der MACD von negativ auf positiv wechselt, also an dem der Kurs von einem Abwärts- zu einem Aufwärtstrend wechselt. Andersherum ist es ein Verkaufssignal, wenn der MACD von positiv auf negativ wechselt.

Wie bestimmen wir nun die beiden Glättungsfaktoren, damit das System möglichst gut funktioniert? Dazu probieren wir einfach verschiedene Wertekombinationen durch und analysieren, wie gut das System in der Vergangenheit funktioniert hat.

Leider habe ich Ihnen hier keine Gelddruckmaschine verraten, denn zum einen sind solche Systeme schon seit 1979 bekannt, gleitende Durchschnitte natürlich schon viel länger. Zum anderen ist es umstritten, inwieweit sich die Entwicklung von Kursen wirklich aus vergangenen Kursbewegungen vorhersagen lässt. Auch wenn eine Strategie im Backtesting funktioniert hat, muss diese in der Zukunft nicht erfolgreich sein.

7.9.2 Sentiment-Analyse

Eine andere Herangehensweise, um Informationen über Börsenkurse zu erhalten, ist die **Sentiment-Analyse**. Es geht darum, Texte nach Stimmung zu klassifizieren. So können z. B. die Anzahlen der positiven und negativen Nachrichten über ein Unternehmen miteinander verrechnet werden. Überwiegen die positiven Nachrichten, dann ist die Hoffnung, dass der Kurs Potenzial nach oben hat. Eine solche Analyse kann man mit verschiedenen Nachrichtentypen durchführen, seien es Wirtschafts-News, Analystenbewertungen oder auch Twitter-Nachrichten.

Sentiment-Analyse beschränkt sich nicht auf die Börse. Es gibt Unternehmen, die solche Stimmungsanalysen für Marken durchführen. Interessant wird es, wenn man dadurch den Effekt von Marketing-Maßnahmen misst, indem das Image der Marke vor und nach der Kampagne verglichen wird.

Bei dieser Analyseform handelt es sich um eine Anwendung von Natural Language Processing, schließlich soll—wenn auch nur in den Ausprägungen positiv oder negativ—die Bedeutung aus einem Text herausgelesen werden.

Der einfache Ansatz funktioniert regelbasiert. Dazu listen wir alle Wörter eines Textes auf (Bag of Words, Abschn. 7.3.1.2) und identifizieren anhand einer Liste, welche Wörter etwas Positives und welche etwas Negatives bedeuten. Nun zählen wir die positiven Wörter und ziehen davon die Anzahl negativer Wörter ab. Wir könnten noch jedem dieser Bewertungswörter ein Gewicht zuordnen, sodass zum Beispiel „wunderschön" stärker bewertet wird als „nett". Leider hilft das auch nicht viel weiter, die menschliche Sprache ist doch etwas komplexer. Negative Bewertungen sind häufig in Ironie oder Sarkasmus verpackt.

Natürlich kann auch hier wieder maschinelles Lernen zum Einsatz kommen. Unser Problem ist eine Klassifizierungsaufgabe. Eingabe ist ein Text, bei Twitter sogar mit einer maximalen Länge, und Ausgabe soll eine der Klassen positiv, neutral oder negativ sein. Man könnte auch nur die beiden Klassen positiv und negativ betrachten und alles, was nicht klar diesen beiden Klassen zugeordnet werden kann, als neutral bewerten. Haben wir also einen Trainingsdatensatz, dann können wir sämtliche Klassifizierungsalgorithmen darauf loslassen, von logistischer Regression bis hin zu neuronalen Netzen. Entsprechend gelabelte Datensätze gibt es viele im Internet, alleine auf Kaggle sind es 365, zum Beispiel von Amazon Reviews, Filmbewertungen oder Twitternachrichten während des australischen Wahlkampfs 2019.

Kann man nun Aktienkurse vorhersagen? Die Wissenschaftler Johan Bollen und Huina Mao haben knapp 10 Millionen Twitter-Nachrichten aus dem Jahr 2008 in zwei solcher Sentiment-Analyse-Tools, OpinionFinder und GPOMS, eingespielt und die Ergebnisse mit dem Dow-Jones-Index der darauffolgenden Tage in Beziehung gesetzt. GPOMS gibt sechs Stimmungen zurück, zum Beispiel „ruhig", „wachsam" oder „glücklich". Bei der Analyse konnten die Forscher einen Zusammenhang zwischen der Stimmung „ruhig" und dem Aktienindex der nächsten zwei bis fünf Tage zeigen. Mit diesen Ergebnissen als zusätzliche Inputs konnten Vorhersagemodelle signifikant verbessert werden [18]. Es ist also sinnvoll, solche Sentiment Analysen in die weitere Analyse mit einzubeziehen. Ein bisschen Vorsicht ist geboten, denn im Jahr 2008 waren in den USA Präsidentenwahlen, welche auf Twitter natürlich sehr präsent waren. Auf der anderen Seite bestätigten andere Veröffentlichungen die Vorhersagekraft [19].

7.10 Chatbots: Fluch oder Segen für den Kunden

Data Science wird auch zur Kostenreduktion eingesetzt. Leider sind davon auch Arbeitsplätze betroffen. Es wird schon lange versucht, die Kosten für den Kundenservice zu reduzieren. Statt Telefon-Hotlines gibt es mittlerweile vor allem Chats, denn dort kann ein Mitarbeiter mehrere Kunden gleichzeitig betreuen. Aber auch dieser Arbeitsplatz ist in Gefahr, denn intelligente Chatbots sollen den Servicemitarbeiter ersetzen. Chats sind prädestiniert für den Einsatz von Computern, schließlich ist schon der Turing-Test eigentlich ein Chat (Abschn. 2.2). Durch den Chat ist eine Komplexität, nämlich die menschliche Stimme, nicht mehr vorhanden. Es gibt aber aktuell noch genug Schwierigkeiten, sodass Chatbots zwar verstärkt eingesetzt werden, ihre „Intelligenz" aber häufig noch zu wünschen übrig lässt und sie kein Ersatz für einen menschlichen Gesprächspartner sind.

Der größte Anwendungsbereich von Chatbots ist aktuell sicher der Kundenservice. Auch zu Marketingzwecken kommen sie immer häufiger zum Einsatz. Landet man auf einer Webseite eines Unternehmens, kann es sein, dass ein Chatbot fragt, ob er helfen kann. Es ist ein riesiger Markt. Nach Angabe von Facebook gab es im Jahr 2018 im Facebook Messenger 300.000 Bots. Die Anzahl der Nachrichtigen, die Kunden und Unternehmen über den Messenger-Dienst austauschen, lag zu dieser Zeit bei 8 Milliarden pro Tag [20]. Aber nicht nur im B2C-Bereich, sondern auch innerhalb Unternehmen werden Chatbots eingesetzt, um zum Beispiel zur Unterstützung von Rechercheaufgaben.

Die Programmierung von Chatbots ist ein weiteres Beispiel für Natural Language Processing. Bots sind meistens spezialisiert auf das Unternehmen bzw. den Einsatzzweck, erfordern also individuelles Training. Der Trainingsdatensatz ist im Bereich Kundenservice meistens schon vorhanden, denn das Unternehmen speichert in der Regel die Interaktionen zwischen Kunden und Mitarbeitern. Ist dieser Datensatz zu klein, kann man auch über Transfer Learning nachdenken. Zuerst wird der Chatbot anhand allgemeiner

Datensätze trainiert und dann mit einem kleineren, speziellen Datensatz an die individuelle Aufgabe angepasst.

Im ersten Schritt geht es, ähnlich wie bei Suchmaschinen (siehe Abschn. 7.1), darum zu verstehen, was der Gesprächspartner möchte. Das Ergebnis des Algorithmus kann in zwei Arten unterteilt werden: Entweder wählt der Algorithmus eine Antwort oder Handlungsmöglichkeit aus einem Katalog an Möglichkeiten aus oder er erzeugt eine individuelle Antwort. Ersteres nennt man *retrieval-based* oder *selective*, die zweite Art nennt man *generative*. Retrieval-based Chatbots sind zwar weniger fehleranfällig, ihnen fehlt aber die Menschlichkeit und sie sind oft sehr limitiert. Generative Chatbots sind deutlich komplexer, aber auch unberechenbarer. Für diese Art kommen GANs zum Einsatz (Abschn. 6.5).

Retrieval-based Chatbots kann man mit der Funktionsweise von Suchmaschinen vergleichen. Im Prinzip müssen sie zu einer Anfrage ein Ranking des Antwortkatalogs aufstellen, so wie eine Suchmaschine eine Reihenfolge von Webseiten ermittelt. Der Chatbot zeigt aber nur den ersten Platz an, während eine Suchmaschine viele Einträge anzeigt. Im Prinzip wird die Reihenfolge über ein Ähnlichkeitsmaß bestimmt. Im Antwortkatalog sind neben der Antwort auch verschiedene Fragen hinterlegt. Es muss also die Ähnlichkeit der gestellten Frage zu diesen Katalogfragen bestimmt werden.

Literatur

1. Sullivan D (2010) Dear Bing, We have 10,000 ranking signals to your 1,000. Love, Google, Search Engine Land 2010. https://searchengineland.com/bing-10000-ranking-signals-google-55473. Zugegriffen am 08.05.2020

2. Google, Funktionsweise der Suchalgorithmen (o. J.) https://www.google.com/search/howsearchworks/algorithms. Zugegriffen am 08.05.2020

3. BlastChar (2018) Telco Customer Churn, Kaggle 2018. https://www.kaggle.com/blastchar/telco-customer-churn. Zugegriffen am 08.05.2020

4. Hassouna et al (2015) Customer Churn in mobile markets: a comparison of techniques. Int Bus Res 8(6):2015. https://doi.org/10.5539/ibr.v8n6p224

5. Geitey A (o. J.) Face recognition. https://github.com/ageitgey/face_recognition. Zugegriffen am 02.05.2020

6. Roemmele B (o. J.) How does apple's new face ID technology work? https://www.forbes.com/sites/quora/2017/09/13/how-does-apples-new-face-id-technology-work. Zugegriffen am 02.05.2020

7. Huang G et al (2007) Labeled faces in the wild: a database for studying face recognition in unconstrained environments, University of Massachusetts, Amherst, Technical Report 07-49, October 2007. http://vis-www.cs.umass.edu/lfw. Zugegriffen am 08.05.2020

8. Taigman et al (2014) DeepFace: closing the gap to human-level performance in face verification, 2014 IEEE conference on computer vision and pattern recognition, https://doi.org/10.1109/CVPR.2014.220

9. Bello et al (2017) Neurol combinatorial optimization with reinforcement learnung. arXiv:1611.09940

10. Business Intelligence Insider (2019) How wise systems helped Anheuser-Busch reduce late deliveries by 80 %. https://www.wisesystems.com/business-insider-case-study-campaign. Zugegriffen am 02.05.2020

11. PwC's Global Economy Crime and Fraud Survey (2020) Fighting fraud: a never-ending battle. https://www.pwc.com/gx/en/forensics/gecs-2020/pdf/global-economic-crime-and-fraud-survey-2020.pdf. Zugegriffen am 05.05.2020

12. Machine Learning Group – ULB, Credit Card Frau Detection Dataset (o. J.) https://www.kaggle.com/mlg-ulb/creditcardfraud. Zugegriffen am 05.05.2020

13. Rayana S, ODDS Library (2016) Stony Brook University NY, Department of Computer Science. http://odds.cs.stonybrook.edu. Zugegriffen am 05.05.2020

14. Breunig M et al (2000) LOF: identifying density-based local outliers. ACM SIGMOD Record. (29):93. https://doi.org/10.1145/335191.335388

15. United States Geological Survey (o. J.) Can you predict earthquakes. https://www.usgs.gov/faqs/can-you-predict-earthquakes. Zugegriffen am 06.05.2020

16. Smart A (2019) Artificial intelligence takes on earthquake prediction. Quantamagazine https://www.quantamagazine.org/artificial-intelligence-takes-on-earthquake-prediction-20190919/. Zugegriffen am 06.05.2020

17. Hulbert C et al (2019) A silent build-up in seismic energy precedes slow slip failure in the Cascadia Subduction zone. arXiv:1909.06787

18. Bollen J et al (2011) Twitter mood predicts the stock market. J Comput Sci 2(1):1–8. arXiv:1010.3003

19. Mittal A, Goel A (2012) Stock prediction using Twitter sentiment analysis. Standford University. http://cs229.stanford.edu/proj2011/GoelMittal-StockMarketPredictionUsingTwitterSentimentAnalysis.pdf. Zugegriffen am 07.05.2020

20. Johnson K (2018) Facebook Messenger passes 300,000 bots, VentureBeat. https://venturebeat.com/2018/05/01/facebook-messenger-passes-300000-bots. Zugegriffen am 08.05.2020

8

Abschluss

Data Science ist ein riesiges Themengebiet. Wir haben gerade einmal an der Oberfläche gekratzt – und das Feld verändert sich rapide. Es gibt immer mehr Wissenschaftler und dementsprechend Veröffentlichungen zu neuen Methoden im Machine Learning, insbesondere zu neuronalen Netzen. Gleichzeitig bauen viele Unternehmen ihre Kompetenzen im Umgang mit Daten aus oder auf. Trotzdem ist es erschreckend, dass gerade in Deutschland viele Unternehmen noch ganz am Anfang der Digitalisierung stehen. Fehlen die Grundlagen? Ist überhaupt bekannt, wie die erfassten Daten aufgebaut sind und wie stabil und schnell auf die Daten zugegriffen werden kann? Dann muss das erst mal gelöst werden. Erst danach kann man sich Gedanken über ausgeklügelte Algorithmen und maschinelles Lernen machen. Viele Firmen haben immerhin erkannt, dass in der datengetriebenen Unternehmenssteuerung großes Potenzial liegt.

© Der/die Autor(en), exklusiv lizenziert durch Springer-Verlag GmbH, **241**
DE, ein Teil von Springer Nature 2021
H. Aust, *Das Zeitalter der Daten*,
https://doi.org/10.1007/978-3-662-62336-7_8

Durch die Fortschritte und vielfältigen Anwendungsmöglichkeiten verändert sich auch das Berufsbild des Data Scientists. Es geht weg vom Generalisten hin zu Spezialisten der einzelnen Teilgebiete. Es gibt jetzt schon Spezialisten für Recommender Engines oder Machine Learning Engineers, die sich den ganzen Tag nur mit ML-Algorithmen beschäftigen. Andere Berufsbilder befassen sich vor allem mit dem Reporting und dem Aufbau von Dashboards.

Quo vadis, maschinelles Lernen?

Aktuell ist *Natural Language Processing* ein ganz heißes Thema, das sich dynamisch entwickelt und in kürzester Zeit viele Fortschritte gemacht hat. Diese Fortschritte werden bald auch in unserem Alltag bemerkbar sein. Vielleicht kommt es zu einer großen Veränderung hinsichtlich dessen, wie wir mit Computern kommunizieren: Statt Tastatur, Maus oder Touchscreen könnte die Sprachsteuerung dominieren. Bis dahin ist es aber ein weiter Weg, auch wenn wir die Anfänge bei Alexa, Siri und Google Home sehen. Letztere sind spezialisiert auf ein relativ kleines Gebiet. Für eine umfassende Sprachsteuerung benötigen wir aber neue Konzepte, die intuitiv und bequem für viele Anwendungsgebiete funktionieren. Ist es überhaupt sinnvoll, eine Tabellenkalkulation wie Excel oder die Programmierung von Software per Sprache zu steuern? Vermutlich schon, aber dann muss der Computer komplexe Zusammenhänge verstehen und einen Dialog führen können. Nur einzelne Befehle per Sprachsteuerung einzugeben hilft nicht weiter, das geht effizienter mit den herkömmlichen Bedienmöglichkeiten.

Neuronale Netze sind bisher für viele der Fortschritte verantwortlich. Auf der einen Seite sind sie längst noch nicht ausgereizt. Auf der anderen Seite benötigen sie sehr große Trainingsdatensätze; da lernt der Mensch viel schneller. Es könnten doch andere Strukturen nötig sein. Man kann zum Beispiel die Frage stellen, ob die Optimierung einer Verlustfunktion für eine allgemeine Intelligenz genügt. Vielleicht benötigt man eine Reihe von Verlustfunktionen bzw. eine mehrdimensionale Funktion. Je nach Kontext wird dann die eine oder andere Dimension stärker gewertet. Beim Autofahren müssen auch mehrere Ziele wie Fahrzeit, Benzinverbrauch, Sicherheit und Bequemlichkeit abgewogen werden. Die Gewichtung ändert sich bei uns Menschen dynamisch: Bin ich spät dran, dann erhöhe ich den Benzinverbrauch für eine kürzere Fahrzeit.

Autonome Fahrzeuge sind ein Meilenstein im maschinellen Lernen. Wenn diese, hoffentlich in nicht allzu ferner Zukunft, serienreif sein werden, wird das für viele Menschen eine massive Veränderung ihres Alltags bedeuten. Es wäre zu kurz gegriffen, als Vorteil nur zu nennen, dass wir Zeit gewinnen, weil wir nicht mehr selbst fahren müssten und uns mit anderen Dingen beschäftigen könnten. Vielmehr könnte der Besitz eines eigenen Autos, der eigentlich sehr ineffizient ist, nicht mehr nötig sein. Man ruft ein Auto herbei, wenn man es benötigt, lässt sich zum Ziel fahren und steigt einfach aus. Die Parkplatzsuche entfällt, das Auto fährt zu seinem nächsten Auftrag. Das wiederum hat auch Auswirkungen auf das Stadtbild, denn ein großer Flächenanteil wird heutzutage für Parkplätze benutzt.

Je nachdem, wie schnell sich der technologische Fortschritt bewegt, wird das aber nicht die einzige Veränderung sein. Wir können davon ausgehen, dass sich vor allem unser Berufsleben deutlich wandeln wird. KI wird keine Ärzte oder andere Spezialisten ersetzen, davon sind wir noch meilenweit entfernt. Aber Algorithmen werden uns immer stärker bei unseren Entscheidungen unterstützen. Das ist tatsächlich ein großer Unterschied: Der Aufwand, eine Aufgabe zu 100 % zu automatisieren, ist wesentlich größer, als sie nur zu 90 % zu automatisieren, wobei etwas menschliches Zutun notwendig bleibt.

Stichwortverzeichnis

A

A/B-Test 49
AKID 117
Aktivierungsfunktion 173
API (application programming
    interface) 124
Autoencoder 189

B

backpropagation 180
Backtesting 232
Bag of Words 208
Big Data 9
Binomialkoeffizient 83
brute force 21

C

Canvas Fingerprint 90
Chatbot 237

Churn-Rate 200
click through rate 42
Cloud Computing 15
Clustering 65
CNN (convolutional neural
    network) 185
convolution layer 172
Cookies 89
CSV (comma separated
    values) 124

D

data
    cleaning 126
    exploration 132
    interpreting 148
    modeling 135
    preparation 130
    science 3

© Der/die Herausgeber bzw. der/die Autor(en), exklusiv lizenziert durch **245**
Springer-Verlag GmbH, DE, ein Teil von Springer Nature 2021
H. Aust, *Das Zeitalter der Daten*,
https://doi.org/10.1007/978-3-662-62336-7

visualization 151
Datenanalyse 110
Datenbank
dokumentenorien-
tierte 119
relationale 116
spaltenorientierte 122
Datenimport 112
Deep Learning 12
Delta Load 113
dense layer 172
Deployment 157
Divide et impera 47
Durchschnitt, gleitender 218

E

Elastic Net 89
EMA (exponential moving
average) 219
Entscheidungsbaum 40
Expertensystem 24
Explainable AI 103
exponential moving average
(EMA) 233

F

F_1-Maß 62
face recognition 212
Fahren, autonomes 99
feature engineering 137
Feed-Forward-Netz 164
fraud detection 221
Funktion, stückweise
lineare 175

G

GAN (generative adversarial
network) 188
Garbage In, garbage out 78
GPU (graphics processing
unit) 183
Gradient-Boosting-Trees-
Algorithmus 229
gradient descent 178
Graphdatenbank 121
ground truth 81

H

Hauptkomponenten-
analyse 65
Heatmap 156
Histogramm 155
Hyperparameter 141
Hypothesentest 49

I

Infrastructure as a Service
(IaaS) 15
Input-Schicht 165
Insights 148
Intelligenz 29
Internet der Dinge 18
Internet of Things (IoT) 18
IoT (Internet of Things) 18

K

key-value store 118
KISS-Prinzip 87

KI-Winter 23
Klassifikationsproblem 58
k-Means-Algorithmus 67
Kontingenztabelle 50
Korrelationskoeffizient 133
Künstliche Intelligenz
    (KI) 8, 21
  schwache 26
Künstliche Intelligenz (KI)
    starke 26

L

Lasso Regression 88
Lernen
  bestärkendes 69
  maschinelles 34
  überwachtes 57
  unüberwachtes 65
Lernrate 180
Linienchart 154
Local-outlier-Factor 224
LSTM (long short-term
    memory) 188

M

Machine Learning 8
Median 79
Model Evaluation 142
moving average convergence/
    divergence 234

N

Netz, künstliches
    neuronales 161

n-gram 210
NoSQL-Datenbank 118

O

Ockams Rasiermesser 86
ordinary least square 36
OSEMN 111
Output-Schicht 167
Overfitting 86

P

Platform as a Service
    (PaaS) 16
pooling layer 173
principal component
    analysis 65
Pruning 43
p-Wert 83

R

R^2 145
Random Forest 44
recommender engine 205
Regression, lineare 35
Regressionsproblem 59
ReLU (rectified linear
    unit) 175
Reproduzierbarkeit 110
REST-API 125
Retargeting 90
RFID-Chip 18
ridge regression 88
RNN (recurrent neural
    network) 186
Routenplanung 214

S

Säulenchart 152
Schwellenwertfunktion 173
Sensitivität 60
Sentiment-Analyse 234
SEO (search engine
    optimization) 196
serverless 17
Sigmoid-Funktion 175
SMA (simple moving
    average) 218
Software as a Service (SaaS) 17
Spezifität 60
stochastic gradient
    descent 180
Storytelling 149
Studentisierung 137

T

Testdatensatz 140
Textkorpus 192
TPU (tensor processing
    unit) 184
Trainingsdatensatz 140
Traveling-Salesman-
    Problem 214

Treffergenauigkeit 59
Trennfähigkeit 61
Turing-Test 27

U

unsupervised learning 65

V

Validierungsda-
    tensatz 142
Verlustfunktion 177
Verlustfunktion,
    logarithmische 143
Vierfelder-Tafel 59

W

Webcrawler 197
Web Scraping 114
Wirksamkeit 61
Word2Vec 190

Z

Zwischenschicht 169

Printed in the United States
By Bookmasters